Bentley BIM 书系——基于全生命周期的解决方案

AECOsim Building Designer
使用指南·设计篇

赵顺耐　编著

北京金土木信息技术有限公司
深圳市雅尚建筑景观设计有限公司　联合策划

知识产权出版社
全国百佳图书出版单位

图书在版编目（CIP）数据

AECOsim Building Designer 使用指南·设计篇/赵顺耐编著. —北京：知识产权出版社，2014.11（2015.8 重印）

（Bentley BIM 书系：基于全生命周期的解决方案）

ISBN 978 - 7 - 5130 - 3082 - 3

Ⅰ. ①A… Ⅱ. ①赵… Ⅲ. ①建筑设计—计算机辅助设计—应用软件—指南 Ⅳ. ①TU201. 4 - 62

中国版本图书馆 CIP 数据核字（2014）第 230274 号

责任编辑：张　冰　　　　　　　责任校对：谷　洋

封面设计：刘　伟　　　　　　　责任出版：刘译文

Bentley BIM 书系——基于全生命周期的解决方案

AECOsim Building Designer 使用指南·设计篇

赵顺耐　编著

北京金土木信息技术有限公司

深圳市雅尚建筑景观设计有限公司　　联合策划

出版发行：	知识产权出版社 有限责任公司	网　　址：	http：//www.ipph.cn
社　　址：	北京市海淀区马甸南村1号	邮　　编：	100088
责编电话：	010 - 82000860 转 8024	责编邮箱：	zhangbing@ cnipr.com
发行电话：	010 - 82000860 转 8101/8102	发行传真：	010 - 82000893/82005070/82000270
印　　刷：	北京科信印刷有限公司	经　　销：	各大网上书店、新华书店及相关专业书店
开　　本：	787mm×1092mm　1/16	印　　张：	24.25
版　　次：	2014 年 11 月第 1 版	印　　次：	2015 年 8 月第 3 次印刷
字　　数：	408 千字	定　　价：	88.00 元

ISBN 978 -7 -5130 -3082 -3

序

　　随着社会的进步，我们的生活环境也发生着巨大的变化，同时也对建筑行业提出了新的要求。现在的建筑行业，需要更完美的建筑功能和质量，更高效的团队之间的沟通和交流，更合理的工程实现方式，更周详的工程生命周期的信息管理，这样才可以更好地适应社会发展的需要。

　　Bentley 软件有限公司创立于美国宾夕法尼亚州，是一家顶尖的软件技术提供者，致力于改进建筑、道路、制造设施、公共设施和通信网络等永久资产的创造与运作过程，包括建筑师、工程师、营建商、资产所有人或营运商在内的专业人士，都可以从 Bentley 的技术中获益。ABD 的全称是 AECOsim Building Designer，是 Bentley 公司出品的核心建模软件。ABD 建立的信息模型是全信息、全专业的，并且可以用于分析、设计、施工和后期运营管理各个阶段，真正实现了"在同一个环境中用同一套标准做同一件事情"的目标。

　　自从建筑信息模型（BIM）的概念引入中国以来，工程设计软件的更新、变化日新月异。我很高兴看到 ABD 已经在国内建筑设计行业中发挥出越发重要且不可取代的作用，因此特别向读者推荐这本书。希望读者能够通过该书认识并了解 ABD，从而将自己从单纯的绘图工作中解放出来，把精力投入到设计本身，体现出更多的自身价值。

侯冬辉　总经理

北京金土木信息技术有限公司

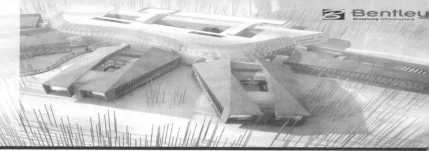

"Bentley BIM 书系"丛书序

很久以来，一直想写一些关于 Bentley BIM 解决方案的书，由于日常工作很是忙碌，迟迟未曾开始。这次借 AECOsim Building Designer SS5 中文版本发布之际，下定决心写一些书或者专题，将自己浅显的认识与大家分享。

在日常工作中，关于 BIM，自己思考了很多，也想说很多，但真正开始动笔时，却不知如何开始。细细考量，便先暂定一下具体的图书架构，做这件事情，也像极了我们 BIM 的实施过程：设定目标，制定规划，分阶段控制，目标校验，等等。按照从易到难，从入门到精通的过程，我暂且规划了如下几本书籍：

- 《AECOsim Building Designer 使用指南·设计篇》；
- 《AECOsim Building Designer 使用指南·渲染篇》；
- 《AECOsim Building Designer 使用流程》；
- 《AECOsim Building Designer 协同设计管理指南》；
- 《AECOsim Building Designer 自定义构件流程》。

如果时间允许，便一路写下去，与各位共享。

对于前两本，其实是在官方教程的基础上进行了修正和改写，然后增加一些自己的内容，从完全意义上讲，并不是由我来写的，而是在已有的教程架构下，重新做了梳理。这两本书更像是让我们熟悉很多的工具。

而当我们面对一项 BIM 任务时，我们完成的流程有很多个，在第三本书中，我会给大家简单讲解一个通用的流程，这里面涉及的不仅仅是 AECOsim Building Designer，还有更多的专业及协同平台与之配合，它重在过程，而非工具的操作。

第四、第五本书，更多的是为管理员准备的，它的目的是对 BIM 工作环境及流程进行管理和控制，这也许才是 BIM 实施的重点。控制好了过程，结果也不会太差。

但愿这些浅显的认识对读者有所帮助，哪怕是反面的教材，也佐证了某些错误的操作或者理论。无论如何，这对于正确认识 BIM 都是有益的。BIM 的多种表现形态，只有读懂的人才会真正认识它的价值。

　　最后，非常感谢李铭茹女士对 AECOsim Building Designer 中文版的完善所做出的努力，更感谢我的同事何立波、俞兴杨，以及我们的老板 Christopher Liew（刘德盛）先生。他们对于我做的这个事情，给予了很大的帮助，感谢他们。

赵顺耐

2014 年 8 月

作者的话

- 由于软件版本的差异以及翻译的细节问题，在本书中对有些命令的描述可能有差异。在这种情况下，读者只需要对应图标即可。其实操作过程大同小异。

- 由于 AECOsim Building Designer 这一术语比较长，在本书中使用 AECOsimBD 来代替。

- 本书所使用的工作环境 Work Space 与中文的 Data Set 稍有差异，但原理、架构相同。这本书的目的也不在于讲解工作环境，而是让读者熟悉基本的操作。至于工作环境，读者熟悉后，想怎么定义就怎么定义。

- 本书的练习文件及工作环境不会刻录于光盘上随书发布，网络共享已经足够发达，读者只需搜索"AECOsim Building Designer 使用指南设计篇辅助文件"即可找到。当然，读者也可以直接到 Bentley 中文知识库（http：//www. bentleybbs. com）下载。下载完毕后，覆盖相应的目录即可。

本书乃匆忙之作，错误在所难免，望读者见谅。我们可以在"Bentley 中文知识库"上做更多的交流。

赵顺耐

2014 年 8 月

目 录

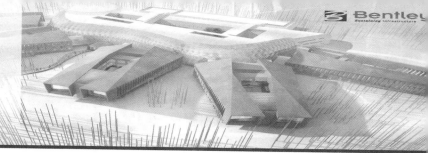

1 AECOsimBD BIM 基础

模块概述

在本模块中，用户将学习创建 AECOsimBD 信息模型时所要用到的必备知识。

模块先决条件

- 了解建筑设计概念。
- 掌握计算机辅助设计（CAD）基本知识。

模块目标

完成对本模块的学习后，用户将能够：

- 基本使用 AECOsimBD。
- 创建建筑信息模型。
- 进行常规的视图操作，进行整体、局部显示控制。
- 使用"精确绘图"功能在三维空间中进行精确定位。
- 使用"显示样式"来查看三维信息模型。

1.1 启动 AECOsimBD

AECOsimBD 是一款专为建筑师、结构工程师、电气工程师、暖通工

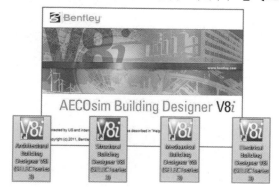

程师、给排水工程师及其他建筑专业人士开发的应用程序，用于完成建筑各专业的设计过程，其中涵盖了多个专业设计模块，可以完成各个环节的设计工作。

AECOsimBD 采用按需加载的方式，既可以单独启动某一个专业的应用模块，也可以同时启动多个设计模块。无论采用何种方式，各个专业的工作成果都可以在同一个环境下协同交互。

AECOsimBD 提供了多个专业的应用程序，以便各个专业的设计师使用特定的应用程序完成工作。虽然也可以同时启动多个专业的应用程序，但是，我们建议用户使用其中一个特定专业领域的应用程序图标来启动 AECOsimBD。

可通过以下方式打开各个应用程序：开始 > Bentley > AECOsim Building Designer V8i（SELECTseries5）。

用户可以根据需求来启动特定的专业模块。建议用户启动单独的模块，因为启动多个模块时系统开销会比较大，这是一个良好的习惯。当用户的工作涉及多专业时，可以通过按需加载的方式来启动其他的模块。

同时启动多个模块　　　各个专业模块

1.2 文件组织

1.2.1 创建新文件

相对于其他的应用程序，当启动 AECOsimBD 时，系统不会自动进入一个空白的文件，而是打开一个文件操作对话框，如下图所示。

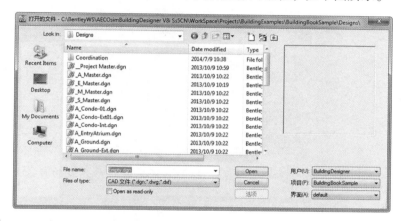

在 AECOsimBD 的架构体系下有项目管理的概念，也可以认为是为每个项目设置了特定的标准和环境（WorkSpace），即用户必须选择正确的用户、项目等信息。这里面有不同的标准，从技术角度看，可以做一个大而全的项目环境，但需要注意的是，我们做的是 BIM，信息是需要一个环境来解释的。

在该对话框的上部有个"新建文件"按钮 ，点击即可打开"新建文件"对话框，建立一个符合自己需求的文件。

不同专业可以选择不同的模板文件（在 AECOsimBD 里称为种子文件，即 Seed File），模板文件中根据各个专业的需求，进行了相应的工作单位、精度、锁定等设置，请正确选择。在此需要注意的是，只要用户选择了正确的项目环境，系统就会让用户到正确的位置选择模板文件。

☞ **练习：创建新文件**

- 设置"工作空间"，如右图所示。
  - 用户：Building Designer。
  - 项目：Building Book Sample。
  - 界面：default。

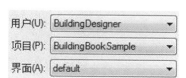

● 使用默认的种子文件 DesignSeed. dgn 创建一个名为 Essentials. dgn 的新文件，文件的默认存储位置是在工作空间 Design 的目录下，用户也可以放置在自己希望的其他地方。

提示：可通过"文件历史"浏览先前曾打开过的文件列表。

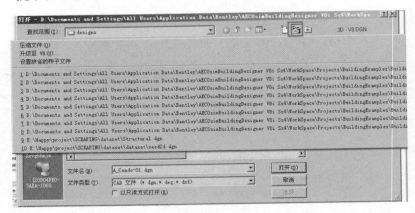

可通过"目录历史"浏览先前曾打开过的目录的列表。

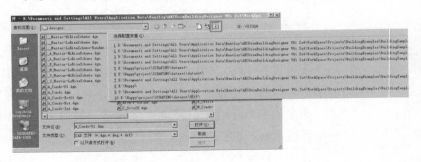

1.2.2　加载其他专业应用模块

当启动某个应用模块时，如建筑设计模块，可以根据需要来加载其他的应用模块。例如，想创建暖通管道（虽然这应该是暖通设计师的事情，但也不排除你是多面手），这样就不必关闭当前的模块，我们称这样的使用方式为"按需加载"。在菜单"建筑系列"里有相应的命令来加载或者卸载应用模块。

例如，如果"建筑设计"为激活的应用模块，则加载"设备"应用模块后的结果如下图所示。

"建筑"任务界面

提示：当加载后，在任务条里会增加一些专业工具来完成建筑设备所需的功能。

卸载应用程序后，程序的任务栏会恢复到原来的状态，当启动某个应用模块后，在"建筑系列"的菜单里会出现相应的专业命令，也会出现卸载专业模块的命令，例如"卸载设备"。

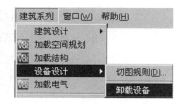

如果某个应用模块未被加载，则其名称的旁边会显示一个图标，同时"加载"选项将处于可用状态。

如果已加载某个专业领域，则其名称的旁边不会显示图标，且"加载"选项将处于不可用状态。

1.2.3 基于任务的界面布局（Task）

一个工作流程（Workflow）是由多个任务（Task）组成的，每个任务会用到多个工具（Tools），这其实就是 AECOsimBD 的界面工具组织原则。

在任务栏里的各种命令，以功能分为不同的部分，每部分的命令显示方式有三种，即"图标""列表"和"面板"，可使用任务标题右侧的图标来更改布局模式。

"图标"布局模式　　　　　　"列表"布局模式　　　　　　"面板"布局模式

● "图标"布局模式会显示任务组中各个工具框的典型工具。典型工具图标的后面为同一工具框中的其他工具图标。需要注意的是，此时的图标使用方式类似于 PhotoShop，点击某个图标不放开时，系统会显示这个工具框的所有图标。

● "列表"布局模式会分层级显示所有的工具。

● "面板"布局模式是将所有的工具都以图标的形式显示出来，而"图标"布局模式是以组的方式来显示。

可通过右键单击任务标题来进行额外的布局模式设置，其中包括"全部应用布局模式"，利用该选项可将激活任务的布局模式应用至所有任务。

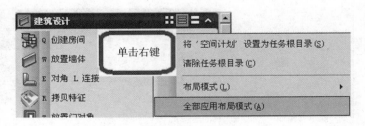

1.2.4　打开多专业综合设计程序

当我们启动 AECOsimBD 时，系统会将建筑、结构、建筑设备同时启动起来，在任务条上也可以看到多个专业的设计命令。这里需要注意的是，建筑电气并没有被启动，这是因为建筑电气的程序架构与其他三者不同，后台需要数据库的支持，所以，系统没有自动加载，用户可以采用手动加载的方式。

提示： 不会自动加载"电气"界面。可通过"建筑系列 > 加载电气"来访问该界面。

另一个可用的应用模块为"空间规划"，可以根据需要有选择地进行加载。系统这样做的目的是最大限度地降低系统开销。

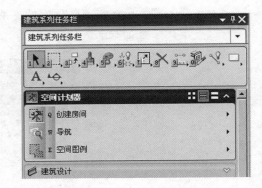

提示： 有关"空间规划"的详细信息，请参见 AECOsimBD 相关的文档及帮助文件。

1.2.5　基本工具工具条

"基本工具"位于"建筑系列任务栏"的顶部。通过该界面可快速访问常用的操作工具及绘图工具。

工具框从左到右依次为：①选择元素；②围栏；③操作；④视图控件；⑤更改属性；⑥组；⑦修改；⑧删除；⑨测量；⑩修改属性；⑪绘图；⑫多边形；⑬文本；⑭创建视图。

1.2.6　键盘位置映射（快捷键）

键盘位置映射 Position Mapping，也就是快捷键，是通过键盘的指令来调用相应的命令，在 AECOsimBD 中有三类快捷键，即功能键、主快捷键和精确绘图快捷键。这里的键盘位置映射指的是主快捷键，用户可以在 MicroStation 的教学视频里，看到相应的关于快捷键的设置。

Ⅰ区按键（〈1〉、〈2〉、〈3〉、〈4〉、〈5〉、〈6〉、〈7〉、〈8〉、〈9〉和〈0〉）被映射到"基本工具"中的图标。

Ⅱ区按键（〈Q〉、〈W〉、〈E〉、〈R〉、〈T〉、〈A〉、〈S〉、〈D〉、〈F〉、〈G〉、〈Z〉、〈X〉、〈C〉、〈V〉和〈B〉）被映射到"建筑系列任务栏"中的图标。

Ⅲ区按键（〈Y〉、〈U〉、〈I〉、〈O〉、〈P〉、〈H〉、〈J〉、〈K〉、〈L〉、〈;〉、〈N〉、〈M〉、〈,〉、〈.〉和〈/〉）被映射到"工具设置"窗口中的控件。

提示：要使用位置映射，程序的焦点必须位于"任务栏"上，位于状态栏右下角的 图标会指示此状态。如果焦点不在"任务栏"上，请按〈Esc〉键。

例如，若要使用键盘位置映射来选择"基本工具"中的"旋转"工具，则需执行以下操作：

- 必要时，请按〈Esc〉键将焦点移回"主页"。
- 按〈3〉键打开"操作"工具。
- 工具框出现在指针所在位置处。
- 按〈4〉键。
- 选中"旋转"工具。

1.2.7 其他功能模块

AECOsimBD 中除了提供建立信息模型相应的工具外，还涵盖了其他的功能模块来完成相应的信息模型的应用。

数据报表

"数据报表"任务中包含的"数据组系统"（Data Group）工具，是 AECOsimBD 后台管理的核心工具，换句话说，可以通过它定义新的构件类型，修改现有的构件类型，为已有的构件类型增加新的属性，例如定额属性；也可以增加新的构件型号，例如，增加新的门窗。

因此，数据组系统维护的是一个信息模型的库，当然系统也提供了为普通构件赋予专业属性以及属性统计等功能。

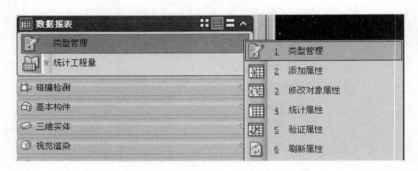

碰撞检测

"碰撞检测"任务里可以进行多专业的碰撞检测，并对结果进行浏览。

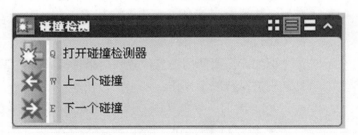

三维实体

"三维实体"任务包括了许多三维建模的工具，更多的工具可以在工具的下拉菜单里找到，例如面、网格等。可以使用这些工具快速实现建筑的体量建模及概念设计。里面有类似于 Skechup 的 Push - Pull 功能（推拉工具）。

基本对象

　　"基本对象"任务包括基本的二维绘图工具,如"放置智能线""放置块"和"放置圆"等。

图面标注

　　"图面标注"任务包括"文本""尺寸"和"绘图符号"等图纸和绘图注释工具。

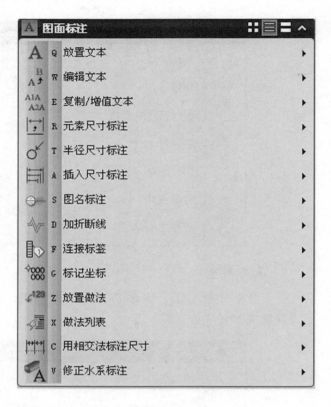

图纸组织

"图纸组织"任务用于形成各种图纸，完成整个切图、组图流程。

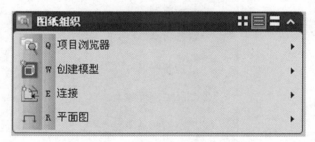

☞ **练习：AECOsimBD 界面**

- 打开下面任何一个专业模块：
  - Architectural Building Designer。
  - Structural Building Designer。
  - Mechanical Building Designer。

- Electrical Building Designer。
- 从此应用程序中打开另一专业领域的任务界面。
- 卸载专业领域任务。
- 应用布局模式。
- 关闭应用程序并打开 AECOsimBD。
- 加载 Electrical Designer。
- 加载"空间计划器"。
- 通过"键盘映射"访问"主建筑"任务中的工具。
- 通过"键盘映射"访问"建筑系列"任务中的工具。
- 尝试使用其他任务，熟悉操作界面。
  - 实体建模。
  - 注释。
  - 组图。

1.2.8　鼠标操作

下图列出了 AECOsimBD 环境中的一些主要鼠标操作。初次使用 AECOsimBD时，系统会让用户设置鼠标右键的操作是重置（Reset）还是弹出右键菜单，应该选择"重置"。这是 AECOsimBD 的推荐设置，单击右键是重置，按住右键不放开会弹出右键菜单。

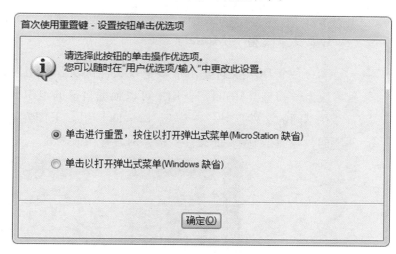

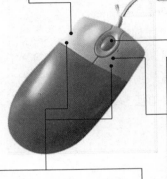

左键（数据按钮）：
单击左键：数据点；选择
　　　　　接受选择
按下左键（工具栏上）：打开其他工具选择项
<Shift> 单击左键：平移滚动视图
<Alt> 单击左键：匹配选定的项属性

中键滚轮：视图操作
按下右键：拖动视图
<Shift> 按住中键拖动：旋转视图
滚动操作：放大视图

右键（重置按钮）：
单击右键：重置；完成命令；
　　　　　取消命令；拒绝选择
按下右键：弹出上下文工具菜单
<Shift> 单击右键：弹出视图工具菜单
<Alt> 单击右键：弹出元素属性
<Ctrl> 单击右键：弹出主工具
<Ctrl> <Shift> 单击右键：弹出激活任务集

左右键同时：
同时单击左右键：试探捕捉
<Shift> 同时单击左右键：弹出捕捉菜单

更改按钮分配：
在菜单中，选择工作空间，
按钮分配

　　提示：在某些工具中，程序会在状态栏中提示所要执行的下一步操作。单击鼠标左键表示"是"（接受），单击鼠标右键表示"否"（拒绝），具体参照相关提示即可。

1.2.9　模型（Model）

　　一个 DGN 文件是由很多个"文件区块"来组成的，我们称这个区块为"模型（Model）"。用户可以根据自己的组织形式将工程内容放置在不同的文件区块——模型（Model）里。下图左边是 DGN 的文件结构，右面是 DWG 的文件结构，两者有相似之处。

设计文件中存储区块模型（Model），它的使用方式几乎与外部设计文件 DGN 完全相同。可将其作为参考文件进行连接，也可将其引用到其他文件。它存储的内容可以是设计（Design）、图纸（Sheet）或绘图（Drawing），既可以是二维格式，也可以是三维格式。

从文件的组织架构上，一个 DGN 文件是由多个模型（Model）来组成的，这里的模型不是指三维模型，而是一个存储区块。在实际工作中，当创建工程内容时，建议一个 DGN 文件只建立一个模型（Model）。

这就好像是一个 Excel 文件里分为了多个 Sheet 表单，各个表单是独立的，也可以相互引用。

可通过"基本工具"工具栏访问 DGN 文件中的模型（Model）。

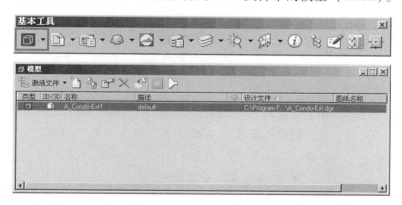

用户可以创建三种类型的模型，即"设计""图纸"和"绘图"。

● 设计模型（Design）：即由设计几何组成，既可以是二维格式，也可以是三维格式。设计模型还可用作参考或作为单元进行放置。默认情况下，设计模型的视图窗口使用的是黑色背景。

● 图纸模型（Sheet）：用作电子格式的绘图图纸。通常由设计模型参考组成，这些参考可以进行缩放和定位以便创建可打印的绘图。默认情况下，图纸模型的视图窗口使用的是白色背景。这与 DWG 文件的布局很相似，具有图符信息。

● 绘图模型（Drawing）：二维或三维设计模型的子集，用于对设计应用注释、尺寸、标注等内容。默认情况下，绘图模型的视图窗口使用的是灰色背景。

在早期的版本里，一个 DGN 文件的模型（Model）分为设计和图纸，这很容易与 DWG 文件的模型空间和布局对应，也很好理解。在新版本里增加了"绘图模型（Drawing）"，这更多的是从三维设计的流程来考量的，在后面的切图过程里会有深刻的了解。

要新建模型（Model），请从右侧对话框中
选择"创建新模型"。

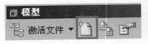

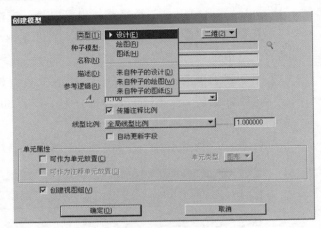

● "类型"：可供选择的类型包括"设计""绘图""图纸""来自
种子的设计""来自种子的绘图"或"来自种子的图纸"。

提示：如果"类型"为"设计"或"图纸"，请从右侧的列表框中
选择"二维"或"三维"。

● 名称：键入所需名称。

● 描述：键入模型的简要描述。

● 参考逻辑：键入模型的逻辑名称。在将
模型作为参考进行连接时，可使用逻辑名称来
唯一标识该模型。

● 注释比例：从此列表中选择一个值，可
设置本存储区块中文本和尺寸标注的比例因子。
注释对象会根据这个设置来自动放大相应的倍数。

● （可选）"创建视图组"。创建视图组后可从"视图组"窗口中打
开模型（Model）。

● 如果要将此模型（Model）当成一个单元（块，Block）使用，请
勾选"可作为单元放置"选项，并选择单元类型。

☞ **练习：创建三维设计模型**

- 继续使用 Essentials. dgn。
- 新建一个名为 Schematic 的三维设计模型。

当创建图纸 Sheet 类型的模型时，会出现一些特殊的选项，以控制图纸的参数，这等同于 DWG 文件里的布局（Layout）。对于绘图（Drawing）类型的模型，它更多的是被系统所调用，用于存储一些中间的切图成果。

- "图纸模型"的一些设置仅适用于图纸类型的模型。

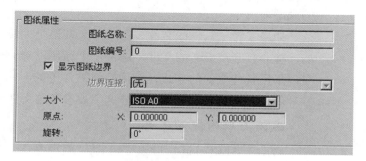

- 图纸名称：可为图纸模型指定名称。
- 图纸编号：可为图纸模型指定图纸编号，便于控制在项目中执行演示、打印和目录编制操作或者生成 PDF 时图纸模型的顺序。
- 显示图纸边界：如果启用该选项，则会在新的图纸模型中显示一个灰色元素，用于表示图纸的边界范围。
- 边界连接：自动参考预设的图框，其实当使用种子文件建立图纸时，系统是自动连接图框的。
- 大小：设置图纸尺寸。列表中提供了一些标准图纸尺寸供选择，也可选择"自定义"并在"H（高度）"和"W（宽度）"字段中输入自定义的尺寸值。如果选择了某个标准图纸尺寸，则"H"和"W"字段会处于禁用状态。
- 原点：设置图纸边界的原点。
- 旋转：设置图纸边界的旋转角度。

☞ **练习：创建二维图纸模型**

- 创建二维图纸模型，并采用以下设置：

- 名称：Plotting。
- 注释比例：1∶10。
- 显示图纸边界：启用。
- 大小：ISO A1。

1. 2. 10　参考

参考（Reference）是 AECOsimBD 的一个重要概念，用它可以实现分布式的存储模式。也就是说，我们没有必要将所有的模型放在一个文件里，而是分开建立，需要查看、操作整个模型时，只需参考引用其他的模型即可。

如果参考了其他的文件，在当前文件里是无法"操作"被参考对象的。除非打开被参考的文件，这是一个通用的过程。但很多时候，我们可以采用某些便捷的方式，直接操作被参考的对象，其实这只是系统的一种假象，系统只是在后台打开这个被参考的文件而已。

激活与取消激活参考

借助于 AECOsimBD 可以"立即"编辑参考。也就是说，可以从当前模型中编辑参考的对象，而不必打开被参考的文件。为此，必须首先"激活"参考。该命令在参考对象的右键菜单里。

激活参考后

- 只允许对激活的参考执行操作。
- 默认情况下，主文件及其他参考文件均以覆盖颜色（Level Overid）加以显示。用户可以控制是否使用覆盖颜色以及使用哪种覆盖颜色。
- 当激活其他参考时，当前激活的参考会自动取消激活。
- 该参考将处于锁定状态，这样相当于打开了这个参考文件，其他人就无法操作了，而只能是只读状态。

要激活参考

- 右键单击参考中的某个元素，然后从弹出式菜单中选择"激活"。
- 在"参考"对话框的列表框中，右键单击参考所对应的列表条目，然后从弹出式菜单中选择"激活"。

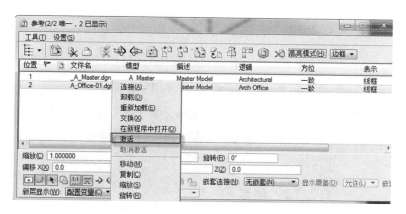

如果是一个多层的参考链接（参考嵌套），则对应地会有一个选择列表。列表中最多可显示 10 个嵌套连接，其中，包含该元素的原始文件位于最前面，激活文件位于最后面。

要返回对激活模型进行编辑，必须"取消激活"参考。

要取消激活参考

● 右键单击参考中的元素，然后从弹出式菜单中选择"取消激活"。

● 在"参考"对话框的列表框中选择参考所对应的列表条目，然后在"激活状态"列中双击黑色的圆点。

提示：要使文件可供其他用户使用，还必须选择"释放锁定"。

☞ **练习：激活和取消激活参考文件**

● 将 A_ Condo–01. dgn 连接到用户的激活文件。

● 通过右键单击 A_ Condo–01. dgn 来"激活"参考。

● 单击鼠标右键，"取消激活"参考。

● 单击鼠标右键，选择"释放锁定"。

1.2.11 交换参考

交换参考，其实就是系统直接打开被参考的文件，同时关闭当前文件。

要交换激活模型的参考模型

- 右键单击参考中的元素，然后从弹出式菜单中选择"交换"。
- 在"参考"对话框中右键单击参考，然后从弹出式菜单中选择"交换"。

1.2.12 层显示

层的概念是工程绘图软件的基本概念，在此不再赘述。在建筑物中，可通过对层进行命名来描述一些共同特征，例如墙或门。然后可将代表这些特征的元素放置在相应层上。

激活层是要在其上放置元素的层。可以在"属性"工具框和"层显示"对话框中更改激活层。

用户可以单独开启和关闭特定层上的元素在特定视图中的显示，以便仅看到所需信息。开启或关闭层只会更改层中驻留元素的显示状态。

提示：AECOsimBD 中，只需选择正确的构件类型，系统会自动区分不同的构件类型，区分三维模型和二维图形，将其放置在不同的图层上。也就是说，图层的基本概念作为后台使用，我们基本上不会直接使用，在后面会对此有深刻的了解，这也是 BIM 信息的基本体现。

可以将"层显示"对话框停靠在应用程序窗口的上下左右四个边界位置处。

默认情况下对图层的打开和关闭操作，只是针对当前的视图，如果想控制所有的视图，请使用"应用于打开视图"。

提示：按"使用"列设置层的优先顺序。

此外，用户可以按鼠标右键来访问弹出式重置菜单，然后选择"层关闭"。

也可使用"层显示"对话框中的右键菜单来执行相关操作。可从中执行以下操作：

- 关闭所有层（激活层除外）。
- 打开所有层。
- "按元素关闭"。单击元素后会关闭相应层上的所有对象。
- "全部（元素除外）"。单击元素后会关闭其他层上的所有对象。

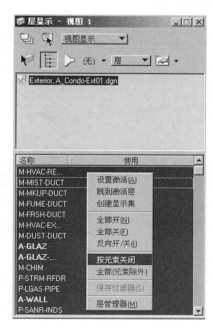

☞ **练习：层显示**

- 打开 A_ Condo – Int. dgn。使用"层显示"对话框打开和关闭层。
- 使用右键单击菜单打开"层关闭"。
- 使用"应用于打开的视图"。
- 使用"层显示"对话框中的弹出式菜单以及"按元素关闭"和
"全部（元素除外）"选项。

保存设置

对视图显示的操作，其实并没有在文件中增加什么东西，换句话说，这是一种设置，是被保存在当前文件里的。如果想保存这种设置，当退出文件时，请选择"文件 > 保存设置"或按〈CTRL + F〉键。

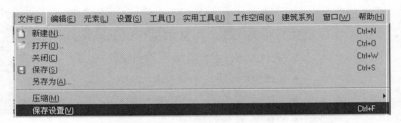

要自动保存设置，请转至主菜单，然后选择"工作空间 > 优选项"。在"操作"类别中，选择"退出时保存设置"。

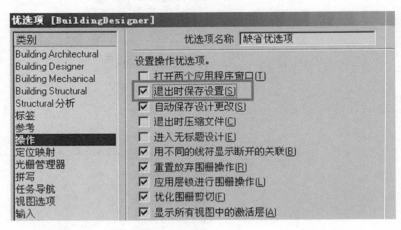

1.3 项目浏览器

项目浏览器（Project Explorer）可以为项目相关信息（如 DGN 和

DWG 文件、模型、参考、Adobe PDF、Microsoft Word 文档和 Microsoft Excel 工作簿）提供分级浏览机制。如果对这句话感到抽象，就认为它是一个项目的资源浏览器即可。借助于"项目浏览器"可导航至 AECOsimBD 中的项目数据，可以把它看做一个资源浏览器，可以在这里打开、参考文件。

在这里强调一下，项目浏览器可以快速操作文件，是个不错的工具，只要配置好，就会使效率大大提升。

项目浏览器中其实保存的就是一些链接，这些链接的类型包括：链接到 Office 文档、PDF、URL、电子邮箱地址、键入命令、设计和图纸模型、参考和保存视图链接。不得不说，项目浏览器是一种可以轻松浏览项目数据内容的强力工具。

可通过主菜单栏访问"项目浏览器"，或从"基本工具"工具栏中选择"文件 > 项目浏览器" 。

默认情况下，系统提供了很多组预置的项目信息链接供用户选择使用。

所提供的文件夹包括：

● 项目目录（Project Directories）：这是指在计算机或网络位置上进行组织的整个项目。

● 项目查看（Project Review）：扫描项目位置以查找扩展名为 *.i.dgn 的 iModel。

● 建筑模型（Building Models）：项目目录中所有的三维模型。此处将同时显示主模型和正在处理的三维模型。

● 建筑视图（Building Views）：按专业领域和类型（平面、立面、剖面等）进行组织的建筑视图。这样，可以直接转到在三维模型中创建的某个建筑视图。大多数情况下，该模型为三维主模型。

● 绘图（Drawings）：激活项目中的所有绘图模型。当在建筑视图中创建动态视图时，会自动创建这些视图。

● 抽图（Extractions）：项目抽图。

● 图纸（Sheets）：项目图纸。

● 单元库列表（Cell Library List）：存储在项目和中心工作空间中的所有单元库。

● 文件（Files）：所有非 DGN 文件均可存放在这里。要添加某个文件，只需将该文件从其在计算机或网络上的位置拖放到"文件"文件夹中即可。这样，将会创建一个指向该文件的链接，用户可以通过在"项目浏览器"中双击该链接来打开文件。

需要注意的是，项目浏览器可以通过定制来浏览指定的位置，在 AECDsimBD 中文版里可以看到内置的文件浏览器。同时，通过"项目浏览器"，可以直接打开 DGN 文件内部的某个模型（Model）。

☞ **练习：在"项目浏览器"中打开文件**

● 导航至文件夹 Project Directories/Building Book Sample/Designs/

Arch – F – border. dgn。单击鼠标右键，选择"打开"。

无须在"参考"对话框或"打开的文件"对话框中搜索即可获得该列表（包括参考文件、设计文件、光栅文件、保存视图等）。

● 使用"视图组"上的导航箭头返回到 Essentials. dgn。

● 从"项目浏览器"中选择 A_ Condo – 01. dgn，并展开与该文件相关联的所有加号。选择名为？_ ViewStreetLevel 的保存视图，然后单击鼠标右键并选择"打开"。

提示：此时会显示所有的模型和保存视图。与之前的操作一样，此处列出的各项内容均可直接通过"打开"命令进行访问。

拖放文件

可以将文件拖放至视图中，然后在当前的激活文件中直接参考引用这些文件。

☞ **练习：使用"项目浏览器"执行拖放操作**

● 在"项目浏览器"界面中，选择文件 A_ Ground – Int. dgn 并将名为 Preview 的保存视图拖动至文件的中心位置，以将该视图作为参考文件进行连接。

● 选择培训手册 PDF 或者其他文件，然后将该文件拖至"项目浏览器"界面中，并将其放在"Files > PDFs"文件夹中。

该文件添加完毕，可在"项目浏览器"中使用。

提示： 可以更改链接文档的名称。例如，可能有一个名为 B12456. pdf 的 PDF 链接，可以将其重命名为 Hardware Cutsheet。这个操作不会对文档进行重命名，而只对链接名称进行重命名，这与 Internet Explorer 中的收藏夹操作类似。

创建链接

还可以使用"项目浏览器"创建链接。其实，项目浏览器所浏览的就是一组链接，这组链接可以保存在当前文件里，也可以保存在系统预置的一个文件里，这些链接可以赋给任何对象，例如单元、线、墙体等。

使用"项目浏览器"可以创建以下内容的链接：

- 文件。
- 文件夹。
- URL。

例如：

● 高亮显示相应的文件夹，例如"Files > Websites"，然后选择"URL 链接"。

● 键入链接地址。

● 创建链接后，可通过右键单击链接然后选择"添加元素链接"将链接连接至元素。

● 选择元素。

要跟踪链接，可以在"打开链接"的位置右键单击选定元素，这样将会在浏览器中导航至所连接的地址。

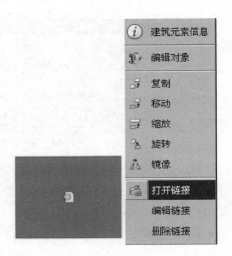

1.4 在三维模式下工作

1.4.1 精确捕捉

"精确捕捉"的主要功能是帮助用户在设计中选择精确位置，例如线端点或圆心。

将光标移动到距捕捉点足够近的位置。"精确捕捉"将移至捕捉点，并停留在该位置，直到移开光标为止。使用"精确捕捉"捕捉成功后，会在捕捉点处放置一个加粗的黄色"×"符号。用户所输入的下一个数据点将精确地放置于该点。

弹出信息

"弹出信息"是"精确捕捉"的一项功能。开启该功能后，如果将光标置于某个元素附近，"精确捕捉"即会显示该元素的相关信息。

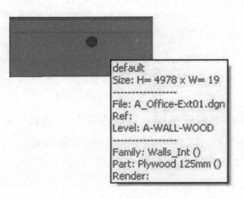

捕捉模式

可以捕捉至元素，以定位来放置某个元素的精确点或与该元素进行交互。最常用的捕捉模式是"关键点"捕捉。该模式可用于捕捉至元素上的关键点，例如墙壁端点或圆心。

激活"关键点"捕捉模式后，系统会使用以数学方式推导出的关键点来定位捕捉点。AECOsimBD 使用关键点等分数将元素分割成若干个均等的部分。例如，如果等分数为 2，则元素将被分割为均等的两部分，至于可以分成几部分，可以通过精确绘图快捷键〈K〉来设置，例如可以分成 7 等份。

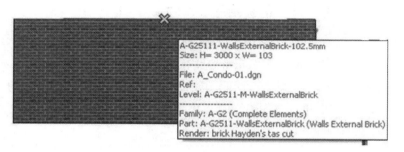

从"捕捉模式"按钮栏中访问捕捉模式最为方便。要打开该按钮栏，可单击状态栏中的"捕捉模式"图标，然后从弹出式菜单中选择"捕捉工具栏"。

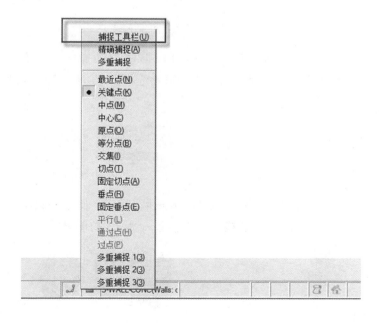

　　要设置默认捕捉模式，请双击任意可用按钮，在日常工作中，我们都希望同时捕捉具有多种特征的点，这时，将多重捕捉模式设为默认即可，可以在该按钮上右键"属性"来设置要捕捉哪些特征点，如下图所示。

　　要将某个捕捉模式设置为仅适用于一次操作的替代捕捉，请单击任何可用按钮一次。替代捕捉模式可替代默认捕捉模式，但这仅仅是对一次捕捉操作而言。替代捕捉完成后，替代捕捉模式即恢复为默认的捕捉模式。

1.4.2　精确绘图

　　"精确绘图"功能有助于创建和操作元素。"精确绘图"功能通过减少击键次数及鼠标点击次数来提高绘图质量和速度。

　　如果未激活此功能，可使用"基本"工具框中的"精确绘图"图标来开启"精确绘图"功能。

　　开启后可以看到如下对话框，这相当于绘图时的刻度，否则，用户只有"笔"而无法控制这个笔画多长。下图就是这个刻度，后续的很多快捷键都是在该对话框激活的情况下才起作用。

X	18531.9	Y	-39643.4	Z	9834.1

　　"精确绘图"功能可根据用户的操作推断信息。例如，如果选择"放置线性墙"工具，"精确绘图"功能会在直角 *X*、*Y*、*Z* 坐标系中执行相关操作。

　　如果选择"按圆心放置墙圆弧"，则绘制完第一个点之后，"精确绘图"功能会切换到极坐标系（距离/角度方式）。

坐标罗盘由三个组件构成，无论在直角坐标模式下还是在极坐标模式下，这些组件均可见。

● 原点位于罗盘的中心，无论罗盘位于设计中的什么位置，原点都始终位于（0，0）处（即相对原点）。这类似于尺子是移动的，尺子上的刻度当然也随着尺子移动。

● 矩形或圆被称为绘图平面指示器，因为它们可显示"精确绘图"所在的绘图平面，即直角坐标系或极坐标系。

● 比较粗的绿色竖线及红色横线为"精确绘图"的轴标记，它们与绘图轴及视图轴完全无关。

"精确绘图"会考虑光标相对于其原点的位置。当在罗盘周围移动光标时，"精确绘图"功能会更新"精确绘图"窗口中键入字段的 X、Y 和 Z 值，以反映光标距原点的距离。

当移动鼠标时，"精确绘图"会跟踪光标相对于"精确绘图"罗盘的位置。"精确绘图"的操作步骤如下：

● 输入一个数据点以确定罗盘的位置。

● 沿所需绘制方向移动光标。

● 输入所需距离值，而无须通过光标使焦点位于"精确绘图"窗口的键入字段中。

● 沿另外一个方向移动（可选）。

● 输入另外一个距离值（可选）。

● 输入一个数据点以表示接受。

应该关注绘制方向，而不是 X 或 Y 尺寸。X 和 Y 尺寸固然有用，但并不是在绘图时所要关注的重点，也就是说没有必要刻意判断 X、Y，系统会自动判断这些事情。

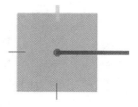

"精确绘图"可以索引到轴、原点及前一距离。当接近某个索引状态时，光标会暂时锁定到该状态。例如，当光标和罗盘原点之间的角度接近 90°时，将索引到该角度。

1.4.3　精确绘图快捷键

"精确绘图"有一系列的快捷键与之对应，我们称之为"精确绘图快捷键"，它需要在精确绘图有焦点的时候才有效，这区别于前面的主快捷键，可以按〈F11〉键，或者点击"精确绘图"对话框让精确绘图有焦点。这些快捷键由一个或两个键盘字符组成，可执行相应的操作。例如，利用空格键可实现在直角坐标模式与极坐标模式之间切换。

空格键

空格键用于更改坐标类型（直角坐标/极坐标）。

回车键——智能锁

"智能锁"将索引到最近的轴并锁定相对的字段值。例如，当索引 X 值时，Y 值将被锁定为 0。这样便可以在一个方向上绘图而在另外一个方向上捕捉对象。在极坐标模式下，如果"距离"处于激活状态，则"角度"将被锁定。这其实就是锁轴。

V——视图旋转

按〈V〉键可旋转坐标罗盘，使其与视图轴对齐。也就是说，无论用户怎么旋转视图，都可以将其转到与用户的视图平齐，但其实这个功能使用得不是太多。

O——设置原点

按〈O〉键可将罗盘移动到当前光标位置或某个试探点。当与"精确捕捉"结合使用时，该快捷键非常有用。因为，我们大多数的定位是相对于某个位置偏移多少，那么，第一步就是将这个相对的点设置为定位原点。

提示：通过捕捉某个点，然后按〈O〉键，可将"精确绘图"原点放置在该点上。切勿接受捕捉点，只需进行捕捉并按〈O〉键。使用此方法时，很重要的一点是不要接受捕捉。

K——关键点等分数

按〈K〉键会打开"关键点捕捉等分数"对话框，用于设置关键点捕捉的"捕捉等分数"，默认值为 2。

提示：有关"精确绘图"快捷键的完整列表，请访问顶部菜单栏的"帮助"对话框。用户也可以到 www.bentleybbs.com 上观看详细的快捷键讲解及定位专题讲座。

☞ **练习："精确绘图"快捷键**

- 打开"绘图"工具。
- 使用"智能线与放置块"命令，并结合使用以下"精确绘图"快捷键：

- 空格键。
- 回车键。
- 〈V〉。
- 〈O〉。
- 〈K〉。

精确绘图平面

我们以前都习惯于通过不同的标准视图来绘制三维对象，在AECOsimBD里，应该让自己的"平面"想法"立体"起来。可以通过"精确绘图"在三维空间里建立用户想建立的任何对象。

要在适用的平面内绘制对象，请使用"精确绘图"快捷键〈V〉〈T〉〈F〉或〈S〉将"精确绘图"罗盘旋转至该平面。"精确绘图"的"视图"快捷键可将绘图平面与当前视图、"顶视图""前视图"或"侧视图"对齐，这样绘制的对象，就会放置在正确的位置上，再加上前面的平面定位快捷键，那就可以实现"直觉"式的定位方式。

建议到 Bentleybbs 论坛上观看一下精确绘图定位的视频教学，毕竟这是最核心和最基础的内容。

提示：使用"精确绘图"的〈E〉快捷键可在"顶视图""前视图"和"侧视图"之间进行切换。

要设置"精确绘图"焦点，可按空格键，或按 F11 键。

☞ 练习：使用"精确绘图"的三维绘图快捷键

- 打开"制图"工具。
- 使用"智能线与放置块"命令，并结合使用以下"精确绘图"的三维绘图快捷键：

  - 〈T〉。
  - 〈F〉。
  - 〈S〉。
  - 〈E〉。

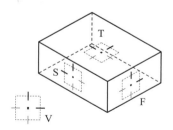

1.4.4　辅助坐标系

通过旋转"精确绘图"的绘图平面来绘制元素是很容易的。不过，任务完成后，绘图平面将返回到旋转前的状态（世界坐标系的标准视图）。如果希望绘图平面能够返回到某个旋转后的方向以供日后使用，则应设置辅助坐标系（即 ACS）。调出 ACS，使"精确绘图"在旋转绘图平面时所旋转的角度与 ACS 的旋转角度相符。

ACS 工具框

所有 ACS 工具均可在"主工具"栏的相应对话框中找到。可通过双击列表中的某个 ACS 名称来激活 ACS，也可右键单击 ACS 名称而后从弹出的菜单中选择"设置激活视图"或"设置所有视图"。

定义 ACS 最快的方式之一是按面定义。

- 选择"按面定义 ACS"工具。

- 选择一个实体或封闭的二维元素。
- 选择一个面用以定位 ACS。将以虚线边界高亮显示这些面。

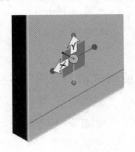

- 单击以接受用于定位 ACS 的面。
- 使用窗口小部件控件来调整位置（可选）。

ACS 锁

有两个锁用于控制 ACS 对数据点和捕捉的作用方式。这两个锁分别为"ACS 平面锁"和"ACS 捕捉锁"。

- ACS 平面锁：将数据点锁定到激活的 ACS。
- ACS 捕捉锁：将捕捉锁定到激活的 ACS。

可通过状态栏中的"锁"图标在锁定与解锁"ACS 平面"和"ACS 捕捉"之间进行切换。

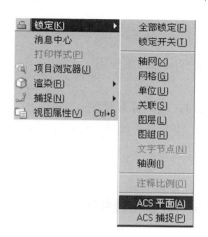

此外，"图标锁"工具栏还会显示 ACS 锁的当前状态。可通过以下菜单来调出该工具栏："工具 > 建筑系列工具条 > 锁定设置"。

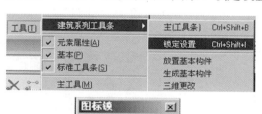

提示：上图中第 2 个图标为 ACS 平面锁。第 3 个图标为 ACS 捕捉锁。绿色表示处于解锁状态，红色表示处于锁定状态。

1.4.5 应用标准视图

处理三维模型时，可以沿任意轴旋转视图。通过"旋转视图"工具可使用以下 8 种标准视图：

- 顶视图。
- 前视图。
- 右视图。
- 轴测视图。
- 底视图。
- 后视图。
- 左视图。

- 右轴测视图。

也可以使用"视图"控件的"前一个视图" 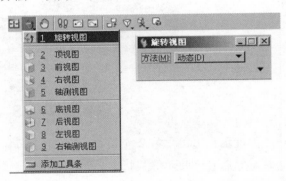 和"后一个视图" 来向前和向后浏览视图。

☞ **练习：使用标准视图**

- 在参考文件 A_ Condo – 01. dgn 中，对任一打开的视图应用多种标准视图。
- 使用"前一个视图"和"后一个视图"来向前和向后浏览视图。

1.4.6 动态旋转视图

要动态旋转视图

- 选择"旋转视图"视图控件。
- 将"方法"设为"动态"。

- 视图的中心会出现一个加号（＋）。这样便可绕视图中心旋转视图。
- 单击视图中心的加号以重新定位轴点。

提示：使用"全景视图"可将轴点重新定位到视图的中心。

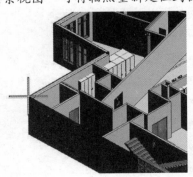

☞ **练习：动态旋转**

- 选择"旋转视图"，同时将"方法"设为"动态"。
- 绕视图中心旋转。
- 重新定位轴点，然后再次旋转视图。
- 选择"全景视图"以将旋转点重新定位到视图的中心。

剪切立方体

使用"剪切立方体"可以只显示某个范围的模型，范围以外的部分可以被隐藏或者以不同的显示模式显示。也就是说，可以实现局部显示及分局部显示控制。将"剪切立方体"应用到视图后，只会显示位于剪切立方体内部的元素，或者在该视图中可以捕捉到的元素。

可通过"视图"控件访问"剪切立方体"工具。

提示： 每个视图都可以应用不同的剪切立方体。

按两点应用剪切立方体

- 选择"应用或修改剪切立方体"视图控件。
- 在工具设置中，单击"按两点应用剪切立方体"图标。
- 开启"显示剪切元素"功能。
- 输入两个数据点来定义矩形剪切元素的斜对角。
- 如果仅打开了一个视图，即可应用剪切立方体。如果打开了多个视图，请在需要进行剪切的那个视图中输入一个数据点（左键）。

操作的结果如下图所示。

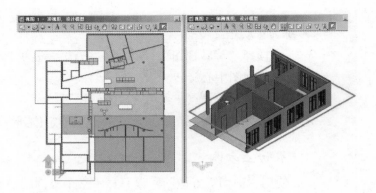

提示：如果日后移动或修改某个剪切元素，则剪切立方体也会随之移动或修改。如果删除某个剪切元素，则剪切立方体也会随之删除。

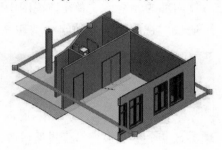

☞ **练习：按两点剪切立方体**

• 连接 A_ Condo –01. dgn 作为参考文件。

• 打开 2 个视图，并将"视图 1"旋转至"顶视图"，将"视图 2"旋转至"轴测视图"。

• 选择"按两点应用剪切立方体"。

• 在"顶视图"中，选择两点定义剪切边界。

• 对"轴测视图"应用剪切。

• 选择"剪切元素"并修改剪切边界。

剖面剪切

使用"剖面剪切"图标可沿所选剖面创建剪切立方体。整个模型会沿所选剖面一分为二。两点间剖面即为元素，可以使用标准元素操作工具对这些元素进行操作。

要按剖面剪切应用剪切立方体

- 选择"应用或修改剪切立方体"视图对象。
- 在工具设置中，单击"剖面剪切"工具图标，然后选择"绘图种子"。
- 在"两点间放置截面"工具设置窗口中，选择用于创建剪切立方体的平面。
- 在需要进行剪切的视图中输入一个数据点。

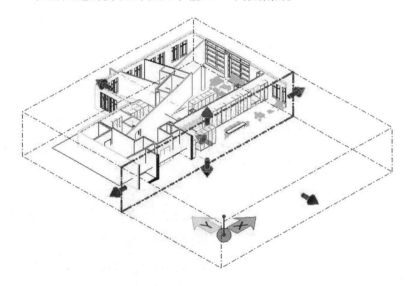

编辑图柄

"剪切立方体"编辑图柄显示为蓝色和绿色的箭头。使用光标执行单击操作并将图柄拖动到新位置。设计师可通过此操作控制剪切立方体的范围与剪切平面的位置。操作图柄时，剪切立方体中的剖面组件会相应更新。

- 绿色图柄用于控制剪切平面的位置。
- 蓝色图柄用于控制剪切立方体的范围。
- 当蓝色图柄位于绿色箭头指向的区域中时，此时的视图为"前视图"。
- 当蓝色图柄位于非绿色箭头指向的区域中时，此时的视图为"后视图"。

● 要更改剪切方向，请右键单击绿色箭头，然后选择"翻转方向"。

☞ **练习：按剖面剪切剪切立方体**

● 连接 A＿Condo－01.dgn 作为参考文件后，选择"剖面剪切"工具。

● 选择剖面剪切方向。

● 对"轴测视图"应用剪切。

● 选择"剪切元素"并修改剪切边界。

查看剪切立方体

● 取消选择剪切平面后，边界框会消失。重新选择边界框以显示编辑图柄。

● 要关闭显示的剪切平面，请在"视图属性"中取消选择"构造"，或从"剪切立方体"下拉列表中选择"显示或隐藏激活剪切立方体"。

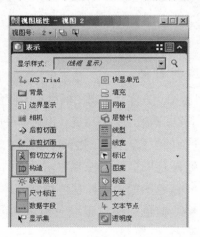

● 要在打开与关闭"剪切立方体"之间进行切换而不删除它，请在"视图属性"中取消选择"剪切立方体"。

- 要删除剪切立方体,请删除剪切平面元素。或从"剪切立方体"下拉列表中选择"清除激活剪切立方体"。

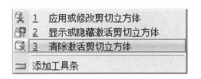 

剪切立方体设置

使用"剪切立方体设置"可以为不同的剪切立方体区域设定"显示""捕捉"和"定位"设置。如果已存在剪切立方体,通过"剪切立方体设置"部分可以查看剪切立方体的"向前""后视图""剪切"和"外部"区域。

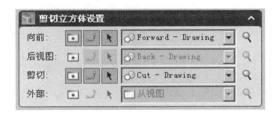

前剪切立方体设置

"向前"用于定义剪切平面前面元素的显示。

后剪切立方体设置

"后视图"用于定义剪切平面后面元素的显示。

"剪切"剪切立方体设置

"剪切"用于定义剪切平面剪切位置处元素的显示。

外部剪切立方体设置

使用"按两点剪切"时,"外部"用于定义剪切区域外部元素的显示。

☞ **练习:剪切立方体设置**
- 使用先前定义的"剖面剪切"并打开和关闭"剪切显示"。
- 打开和关闭"向后显示"。

1.4.7　应用显示样式

可以使用多种"显示样式"来查看不同透明度的模型。对于三维设计的缺省视图，可从各个视图工具栏中访问用于设置显示样式的工具。

视图模式示例：

- 消隐：

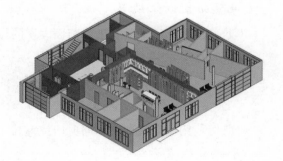

- 透明：

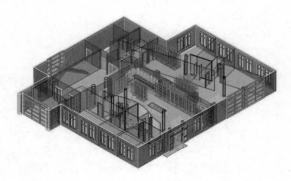

● 黑白:

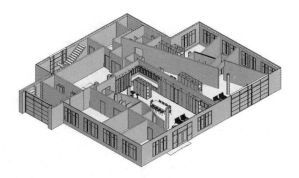

可通过"全局亮度"滑块调节元素的亮度。

☞ **练习: 查看显示样式**

● 仍连接 A_ Condo – 01. dgn 作为参考文件, 并选择"视图显示"图标。

● 更改"视图 2"的视图显示模式。

管理显示样式

要修改或创建显示样式, 请执行"打开显示样式对话框"命令。

具体设置如下：

- 渲染模式 > 显示：设置所选显示样式的渲染模式。
  - 线框。
  - 可视边。
  - 填充可视边。
  - 着色。
- 替代 > 元素：如果开启，可设置元素的替代样式。单击下拉菜单可显示元素替代的"颜色""线型""线宽"和"透明度"选项。可通过选中这些替代属性对应的复选框来设置它们。
- 替代 > 背景：如果开启，将显示应用所选显示样式视图的背景颜色。
- 边界设置 > 可视边（仅限着色渲染模式）：如果开启，将会在应用所选显示样式的视图中显示可视边。
- 边界设置 > 隐藏边（可视边或填充可视边渲染模式，或者启用可视边情况下的着色渲染模式）：如果启用，可设置线型和线宽，应用所选显示样式的视图将采用此设置显示隐藏边。

☞ **练习：管理显示样式**

- 仍连接 A_ Condo – 01. dgn 作为参考文件，并选择"打开显示样式对话框"。
- 创建一个新的显示样式，同时开启各种设置。
- 将该新显示样式应用到视图。

1.4.8 隔离元素（单独显示）

通过"隔离"命令可选择一组要在所选视图中显示的元素，同时隐藏所有其他元素（无论其所在的层为何）。

使用"选择元素"来选择一组元素，然后右键单击并选择"隔离"。

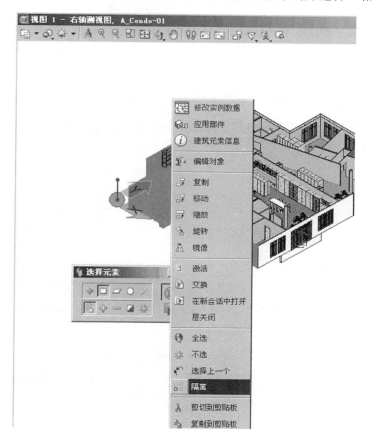

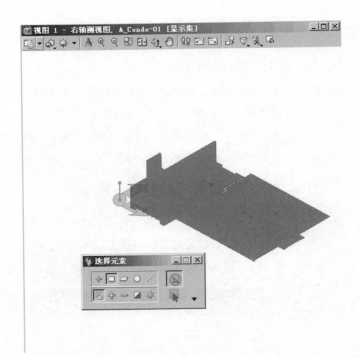

如果要清除所选内容，请右键单击，然后选择"隔离清除"。

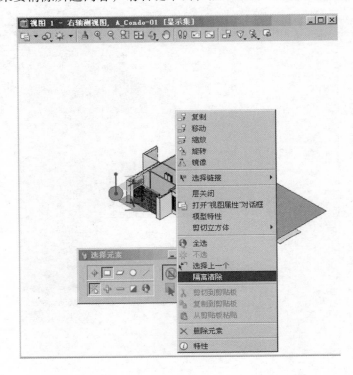

☞ **练习：隔离元素**

- 继续使用文件 A_ Condo – Ext. dgn 执行操作。
- 选择"视图 2"中的各个对象并使用"选择元素"进行隔离。
- 右键单击以显示弹出式菜单。
- 选择"隔离"工具以仅显示所选元素。
- 右键单击，然后选择"隔离清除"工具以恢复模型视图。

提示：在视图中创建"显示集"后，该词（显示集）即会显示在"视图控制"工具栏的上方。

1.4.9 保存视图

"保存视图"是组图策略的核心，可通过多种方式来使用它。用户可将其视为拍照和保存照片操作。使用"保存视图"来命名、保存、连接、调出和删除视图。

可以使用诸如"剪切立方体"和"层"等特定属性来调出"保存视图"。调出"保存视图"可在同一设计会话中快速显示其他三维模型。

通过主工具栏访问"保存视图"。

设置完视图（例如，"剖面剪切"）后，即可选择"创建保存视图"。

设置"保存视图"的名称，然后通过单击视图中的任意位置来选择所要保存的视图。

要在设计会话中随时重新应用该视图，请选择"应用保存视图"。

从具有相应属性的选取列表中选择"保存视图"，然后单击要应用的视图。

☞ **练习：保存视图**

- 通过"剖面剪切"创建一个"保存视图"，将其命名为 Building Section。

- 创建完成后，对当前视图进行更改，例如对其执行缩放和旋转操作。

- 应用名为 Building Section 的"保存视图"，以使视图恢复为原始设置。

提示：除了最初用于创建"保存视图"的视图以外，可在其他所有"视图"窗口中应用"保存视图"。

1.4.10 实体与形体

实体（Solid）用于通用建模。创建实体的方式有很多种，包括使用非平面几何图形。可以使用修改工具来进一步更改或合并任意数量的实体。通过在建筑设计中使用实体，可创建无法通过形体获得的复杂几何图形。对实体的每个顶点和面可分别进行定义。

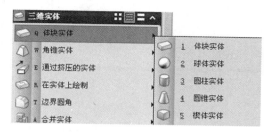

形体（Form）可以被视为更高级的实体，可以根据形体类型不同，区分不同的面或者提取长度等属性。它是一种由基线支持的三维元素。与该基线相关的参数用于定义形体的高度与宽度。这种简洁明了的几何图形生成方法常用于放置诸如墙壁、横梁、风道以及建筑设计中涉及的大多数平面几何图形等对象。此外，形体中还包含各个面的内置信息，例如，用于获取精确面积的顶面、底面和侧面。

元素信息——实体与形体

当"元素信息"显示在实体（例如，体块实体）上时，请选择"数量"选项卡，并请注意仅"面积"和"体积"信息可用。

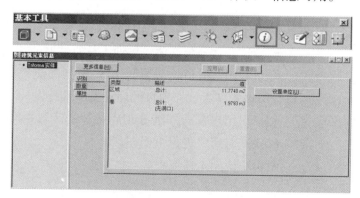

选择墙壁等形体后，请使用"数量"选项卡来显示形体的类型、描述及其具体值（例如，长度、面积和体积）。

Building
Success
Software for
• Design
• Analysis
• Construction
• Operations

Bentle

2 AECOsimBD BIM 流程

2.1 统一的 BIM 主题

要深入理解建筑信息建模的理念，用户需要具备很强的全局掌控能力。本模块全面概述了 BIM 的使用方法。

2.1.1 建立精益的团队

基于三维信息模型的协同工作

- 应对工程师、建筑师、设计师进行合理安排，使其充分利用 BIM 的多方面优势，从而节省时间并降低成本。
- 除培训之外，评估受培训人员所掌握的技能也同样重要。
- 所有团队成员均应参与 BIM 模型和流程的定期审查会议，包括用户、BIM 管理人员、项目经理和上层管理人员。
- 标识用户未充分利用 BIM 优势的区域并推动这些区域发挥效用。
- 快速对用户进行再培训。
- BIM 协同工作流程。

2.1.2 BIM 是一个"流程"

协同各专业领域齐头并进！

- 如果一个或多个专业领域行动滞后，那么整个流程就会大打折扣。
- 适用于所有专业领域的 BIM 工作流程。
- 建模时应兼顾其他专业领域。
- 根据需要为他们提供支持，协调用户所负责的项目部分。
- BIM 工作流程及涉及的领域。
- 为便于协调，预留空间至关重要。
- 用户甚至可以在开始计算之前便在模型中为相关项目预留空间。

- 按照由大到小的顺序进行操作。
- BIM 实现了决策和协作在项目时间线中的前移。
- 这样便迫使用户在使用 BIM 的项目中更早地做出多项决策。

由于整个项目期间的决策成本在不断增加，因此上述做法非常可取。

2.1.3　明确目标

确保整个团队明确目标

- 如果用户的目标仅仅是建模，那么就选错了目标。用户的目标应是朝着最优设计的方向前进。
- BIM 模型是一款帮助我们进行三维设计的工具。
- 通过 BIM 模型能够实现实时协作。
- 利用 BIM 模型包含的信息可以生成各种文档。

BIM 不是一个目标，而是一个协助用户达成目标的流程。

2.1.4　交流

- 竭尽全力为团队成员创造交流机会。
  - 定期召开设计审查会议。
  - 团队聚会。
  - 畅谈技术。
- 只有深入了解团队成员，才能做出更明智的决策。
  - 最佳做法是实时共享数据。
  - 如果各团队采用远程方式进行协作，则必须在项目初期定期共享模型文件。
  - Project Wise 成功解决了团队布局分散这一难题。

2.1.5　缩减—重用—回收

- 确定可进行模块化设计的地点，以典型的办公室布局为例。
- 可以对之前的模型进行数据挖掘，以找出可重复利用的内容。
- 对自定义内容进行标准化命名，以便在后续项目中对其回收利用。

2.1.6　空间预留

- BIM 建模的一个关键概念就是空间预留——应为每个专业领域预

留一定空间。

- 在设计过程之初,设计师在预留空间时须考虑冲突检测。
- 针对以下各项考虑模型间隙:
  - 可访问性、操作、代码和安装。
  - 机械设备上的门和手拉过滤器以及盘管。
  - 电气面板和通信机架上的所需线圈和工作间隙。
  - 可移动设备的路径间隙,即起重机、滑升门、盘管的 AHU 检修门。
- 指定唯一一个可关闭/开启层的间隙。

2.1.7 建模、修改、管理

对建筑进行建模后予以修改,这与"删除"和"重建"操作截然相反。删除时会打断工作流程中的下游连接,例如冲突检测。

☞ **练习:新建文件**
- 在"打开的文件"对话框中,按如下所示设置"工作空间":

  - 用户:Building Designer。
  - 项目:Building Book Sample。
  - 界面:default。
- 如果需要,使用下列默认的种子文件新建文件 DesignSeed. dgn。

2.2 BIM 工作流程

2.2.1 文件组织

总装文件

除创建各个文件之外,还可以创建总装文件。此术语用于描述附带若干子参考文件的父 DGN 模型文件。以 Architectural 外部和内部文件为例。

下面是一个使用多个参考文件及其嵌套文件创建的 Architectural 总装文件。

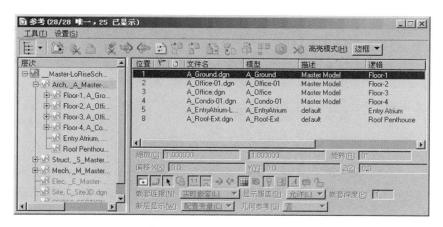

提示：在二维模型中，通常将一些备用设计拖放到主平面的一侧。在 BIM 模型中，这样做可能会出现问题，因为其他专业领域将参考用户的模型并查看临时操作。

查找设计备选方案时，在设计模型文件中创建临时文件或单独的模型。当用户决定使用某个备选方案后，可在专业领域主模型中对参考文件进行一次简单更改，随即所有人都将看到此备选方案。

项目总装文件

创建总装文件时，通常包括"建筑""结构""机械和电气专业领域模型""总设计图"等。

☞ **练习：查看各专业模型及总装文件**

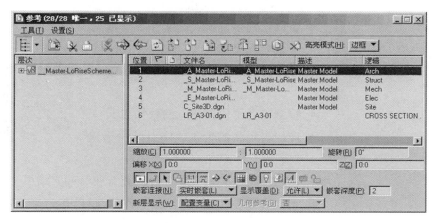

- 打开 _ A_ Master – LoRiseScheme. dgn。
- 打开"参考文件"对话框，查看专业领域主组织。

- 打开 _ Master – LoRiseScheme. dgn。
- 打开"参考文件"对话框,查看项目主组织。

提示:在"参考"对话框中,选择"高亮模式"控制是否随后高亮显示并用边框圈起选定的参考。

2.2.2　碰撞检测

"碰撞检测"实用程序功能更强大、使用更方便,它取代了以前的碰撞管理器(Interference manager)。碰撞检测是一款在所有专业领域的建筑组件之间自动设置检测精度的工具,可以实现软碰撞和硬碰撞。

一个成功的设计工作流程必须能够分析所有专业的三维模型,以确保为建筑、结构和设备组件留出相应的安装空间。如果能在施工之前标识并解决设计中的冲突和干扰,则有助于避免因碰撞而导致的巨额损失,进而降低建设成本。

利用碰撞检测,不仅能够批注图形元素,还能检测各元素集之间的几何冲突。设计器可以采用交互方式查看以图形方式呈现的冲突、注释并标记冲突以及指定后续的工作。可对冲突结果进行分组、标记并将其导出至 Excel 。

可应用禁止规则来标识不应报告的冲突。对于与冲突运行关联的设置,系统会将其作为冲突作业进行管理和跟踪。冲突作业包含条件、规则和结果,这些内容保存在激活的 DGN 文件中以供再次使用。冲突作业还可以存储在 DGN 库中,并在只读文件中进行定义和处理。

冲突检测具备以下功能:
- 可以识别多种格式的文件。
- 在批处理模式下,以交互方式运行检测程序。
- 检测存在相交或重叠现象的硬冲突。

- 检测设置了检测精度的软冲突。
- 应用自定义的禁止规则以减少错误结果。
- 从已检测冲突列表中选择并查看所有冲突结果。

选择"碰撞检测 > 冲突检测"并打开对话框。

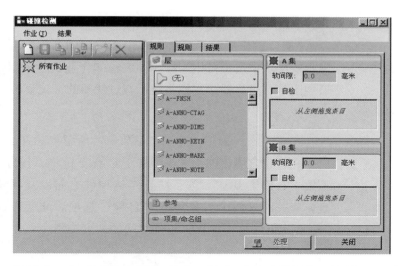

要新建一个"碰撞检测"作业,请在"冲突检测"对话框工具栏中选择"新建"工具图标,或者从此对话框的"作业"菜单中选择"新建"。将新建的作业添加到对话框左侧窗格的"作业"列表中,该作业的默认名称为"无标题的作业"。在设置任何作业参数之前,为该作业分配一个描述名。

作业条件

在处理作业之前,使用"条件"选项卡来设置参与碰撞检测的双方、检测的规则及检测的精度。

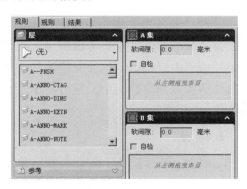

层

"层"窗格显示了激活文件中所有层的名称，含有重复层的参考只显示一次。层选择可用于标识冲突检测作业的各个组件。如果文件中的层均附带层过滤器，它们将显示在过滤器的下拉菜单中。

参考

在"参考"窗格中，通过拖放参考模型将其置于对象集中。在本示例中，将包含墙体的参考模型置于对象集 A 中，包含结构构件的参考模型置于对象集 B 中。为了防止结构构件之间以及墙体之间发生冲突检查，应关闭这两个对象集的"自检"选项。此操作可告知程序仅运行"A 集"组件与"B 集"组件之间的冲突检测。

命名组

通过"命名组"窗格可在组件之间设置特定冲突。在本示例中，通过设置冲突检测来确定参考模型中各组件之间的干扰。由此可将参考模型中的所有内容都纳入到冲突检测作业中。如果设计师不希望将某些参考组件纳入到冲突检测中，则可使用"命名组"功能将这些组件从作业中排除。

软间隙

"条件"选项卡的对象集 A 和对象集 B 中均提供一个"软间隙"设置。该设置用于指定在两个或多个组件之间增加的额外距离。放置柱套以便将墙体组合件围在一起便是一个常见的示例。在本示例中，添加软间隙以显示一些组件是否过于接近柱套，从而防止构造墙体组合件。

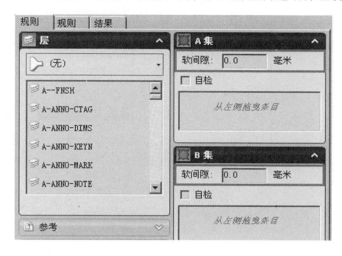

禁止规则

"规则"选项卡可定义适用于作业的规则以确定冲突检测。通常，在进行冲突检测时，这些规则会通知作业忽略模型中的某些组件或元素。设置一些默认规则后，这些规则将以用于创建原始模型的应用程序为基础。

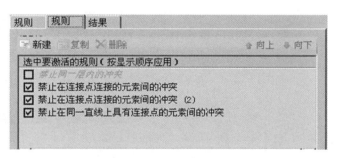

单击"处理"按钮处理冲突检测作业。

查看结果

完成冲突检测作业后，将在自动打开的"结果"选项卡上显示结果。应用程序视图窗口将自动放大，以显示冲突列表中的首个冲突。此外，"消息中心"将显示发现的冲突总数，"冲突检测"对话框将显示作业名称以及检测到的冲突总数。

☞ **练习：碰撞检查**

- 打开设计文件 M_ Ground – Mech. dgn。
- 选择"冲突检测"工具。
- 新建一个名为 Supply – Return 的作业。
- 选择"层"选项卡。
- 在"层过滤器"中选择"风管"。
- 将层"M – HVAC – SUPP – DUCT"拖动到"A 集"。
- 将层"M – HVAC – RETN – DUCT"拖动到"B 集"。

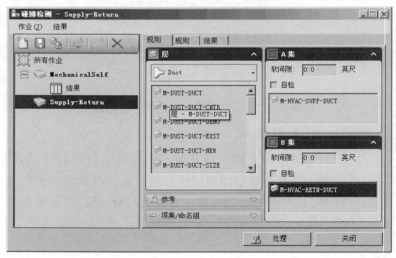

- 处理冲突。
- 查看这两个冲突。
- 使用 HVAC "移动组件" 工具将这两个冲突的送风管向下移动。

2.2.3　根据需要创建三维信息模型

- 针对设计项目，用户需要一个设计模型：
  - 应注意预留空间。
  - 按专业领域和工作流程进行细分。
  - 有限的详细信息。
- 针对施工过程，用户需要一个施工模型：
  - 应关注公共工艺。
  - 按系统和安装日期进行细分。
- 针对渲染，用户需要一个表现模型：
  - 用户不需要 BIM 模型，但可将其作为起点。
  - 图像的充足详细信息（精度并不重要）。

渲　染

如果需要渲染，则 AECOsimBD 中的 "可视化" 将使用 Luxology 渲染引擎。该渲染引擎为最常用的设计应用程序提供了照片级的渲染技术。Luxology 渲染引擎具备以下优势：

- 节省时间，快速对图像进行渲染，可以采用分布式渲染技术和多台计算机同时渲染同一任务。
- 改善渲染图像的质量以便查看。
- 通过三维模型生成并提供高品质的逼真渲染。
- 在同一 AECOsimBD 环境下构建三维模型，以便用户：
  - 消除模型创建环境与可视化环境之间的转换。
  - 享受设计建模及可视化到工作流程的无缝过渡。
  - 用更多的时间创建设计，减少返工时间。

有关渲染的详细信息，请参阅《AECOsim Building Designer 使用指南·渲染篇》的相关课程。其中包括以下主题：

- 可视化介绍。
- Luxology 渲染设置。
- 基本渲染技术。
- 相机。

- 光。
- 基本材质与高级材质。
- 输出和保存图像。

提示：使用 Luxology 进行渲染课程附带详细的渲染培训。

IFC 数据格式

IFC 旨在保存建筑设计与制造业的相关数据。它是一个中立且开放的规范，不受单个或一组供应商的控制。该文件格式以对象为基础，其数据模型可提高 AEC 行业内的互操作性，是建筑信息建模（BIM）的一种常用格式。IFC 模型规范现已公开，可随时获取。

文件 > 导出 > IFC

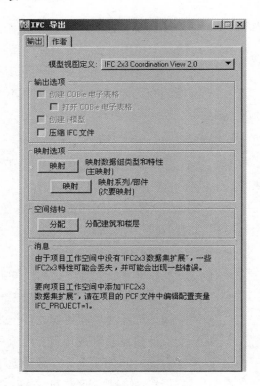

GBXML（绿色建筑 XML）

工程师、建筑师和设计师需要为其创建的设计执行能耗分析，他们更青睐于使用可与复杂的分析产品进行交互的简单工具和流程。于是，AECOsimBD 应运而生，可提供用于创建分析空间模型的多种实用程序。分析空间模型可以与可将能耗分析模型元素转换为 GBXML 兼容文件格式的"GBXML 导出"工具结合使用。

绿色建筑 XML（GBXML）架构有利于常见的互操作性模型整合多种在建筑行业中使用的设计与开发工具。该互操作性标准节省了开发建筑气候控制设计的时间，同时确保在建筑投入使用后完整地保留设计意图。

第三方应用程序提供了一些使用 GBXML 文件直接查看模型的服务。工程师可以使用建筑位置、天气数据以及平均能耗成本的相关假设来估计建筑在任意项目阶段的能耗。

文件 > 导出 > GBXML

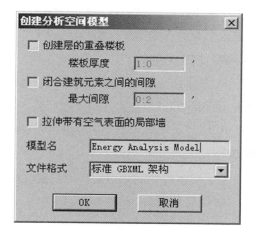

3 AECOsimBD 建筑模块：核心对象、结构与屋顶

模块概述

在本模块中，用户将使用"楼板""楼梯""柱"和"屋顶"来建立建筑专业的三维信息模型。

学习模块先决条件

- 参加过 AECOsimBD Prerequisites 课程——BIM 基础与流程，或者具有 Bentley Building 软件的使用经验。
- 用户还应已完成 AECOsimBD Architecture 楼层建模课程。

模块目标

完成对本模块的学习后，用户将能够：

- 创建柱网。
- 使用"楼层管理器"。
- 放置和修改楼板。
- 放置和修改楼梯与栏杆。
- 放置和修改钢柱与混凝土柱。
- 放置和修改屋顶。

3.1 文件组织

☞ 练习：新建文件

- 在 Windows "打开的文件"对话框中，按如下所示设置"工作空间"：

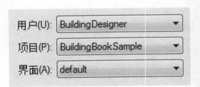

  - 用户：Building Designer。
  - 项目：Building Book Sample。
  - 界面：default。

如有需要，使用默认种子文件 DesignSeed. dgn 创建新文件 Architecture. dgn。

3.2 楼层管理器

"楼层管理器"用于在 AECOsimBD 中创建可在所有项目文件中共享的楼层信息，这样所有的文件都可以共享同一组标高信息，它的核心其实就是保存在某个文件里的一组 ACS，可以被项目中的所有文件调用。

"楼层管理器"位于"建筑系列"主菜单中。

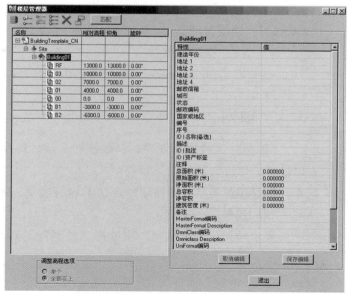

左侧面板将控制整个建筑中各个楼层的高度。右侧面板将控制与楼层相关的其他信息。

提示：还可使用"楼层管理器"设置多个建筑的高度。

"创建新建筑" ：用于创建一个新建筑，以保存相应的楼层和参考平面定义。建筑名称按字母顺序在树视图中排序。

"创建新楼层" ：选中该图标后，将在"楼层管理器"列表框的顶部创建一个新的楼层条目。该新楼层列表框条目是一个动态选定的文本字段，其中显示了默认名称楼层 1。点击进入该文本字段，输入新楼层名称来替换默认名称。

"创建新楼层的参考平面"：用于创建与当前选定楼层相关联的新参考平面。该新参考平面列表框条目是一个动态选定的文本字段，其中显示了默认名称参考平面 1。点击进入该文本字段，输入新参考平面的名称来替换默认名称。

☞ **练习：楼层管理器**

- 选择"楼层管理器"。
- 查看 Building Book Sample 项目中，已经存在的楼层标高信息。

3.3 轴网

"轴网"工具用于创建、修改柱网。设计师在"柱网"对话框中可以设置、修改轴网的相关参数。

需要注意的是，即使用户启动了建筑模块，仍然可以在任务栏里找到"结构建模"的功能。

从"结构设计 > 轴网"中选择"轴网"工具。

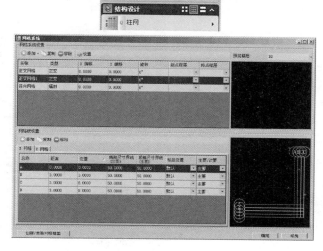

在 AECOsimBD 中，轴网工具被重新改写，它的原理是为每个楼层生成特定的轴网信息，所以必须按照以下步骤来生成轴网：

- 必须建立楼层信息，即前面讲到的楼层管理器。
- 建立直线或者弧线轴网，并设定每个轴网所在的楼层。
- 点击生成即可。

系统是在当前文件里，为每个楼层生成一个独立的轴网，并按照楼层管理器的设置，将它放置在正确的楼层标高上。因此，如果用户没有看到轴网，请点击本 DGN 文件的模型组成列表，用户可以看到每个层的轴网。

当用户更改了轴网信息时，可以点击左下角的按钮，即可更新。

3.4　板对象

3.4.1　放置板对象

可经由"建筑设计 > 放置板对象"访问该工具。

系统提供了多种板对象可供选择，也可以自行扩充不同的板类型。

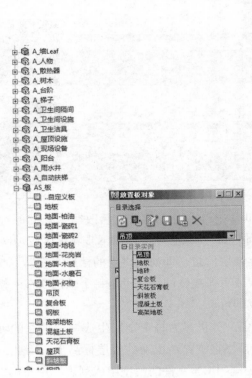

可以从顶部或底部放置楼板，并可借助以下方法放置楼板：

- 边界。
- 泛填。
- 多边形。
- 结构构件。

"厚度""悬挑尺寸""侧面角度"及"坡度"的值均可在放置楼板之前进行定义。

☞ **练习：使用"放置楼板"**

- 使用"放置楼板"创建一个应用"边界"选项的楼板形状。
- 绘制多个闭合墙壁，然后使用"通过泛填"选项放置一个楼板。
- 绘制一个多边形块，然后使用"多边形"选项创建一个楼板。

提示： 使用"楼层选择器"设置激活楼层标高。

3.4.2　修改楼板

可使用位于"基本工具"菜单中的"修改属性"工具修改楼板。

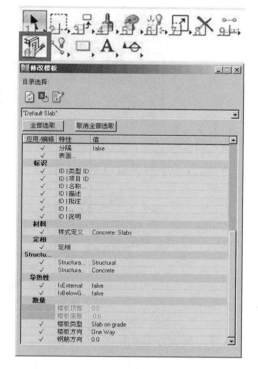

要修改楼板：

- 选择"修改属性"。
- 单击要编辑的楼板。
- 在要更改的属性的"应用/编辑"字段中放置一个选中标记。
- 单击视图以更新选定的楼板。

提示：如果选择一个新的楼板类型，可使用"全部选取"将楼板的所有值更新至所选的新楼板类型。

☞ **练习：修改楼板**

- 使用"修改属性"更改现有楼板的各种属性。

插入/删除顶点

可以使用"插入顶点"或"删除顶点"修改楼板形状。

可从位于"基本"菜单中的"修改"工具中选择"插入顶点"和

"删除顶点"。

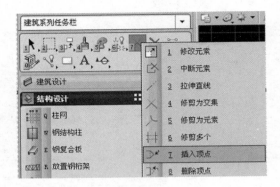

- 选择要在其上添加或删除顶点的段。
- 输入一个数据点以确定新顶点的位置。

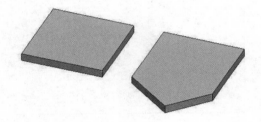

☞ **练习：插入/删除顶点**
- 选择"插入顶点"并修改先前放置的楼板的形状。
- 选择"删除顶点"并编辑楼板，使其恢复至原始形状。

创建孔洞

使用"创建孔洞"在楼板中创建孔洞。可经由"建筑设计 > 创建孔洞"访问该工具。

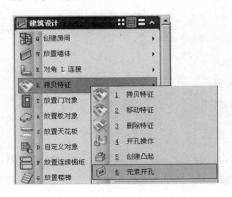

要在楼板中创建孔洞：

- 绘制要应用于孔洞的形状。
- 选择"创建孔洞"。
- 标识要应用于孔洞的形状。

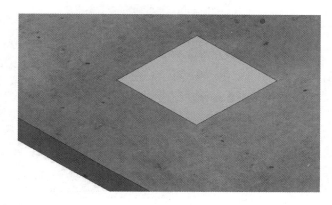

- 重置。
- 标识楼板。

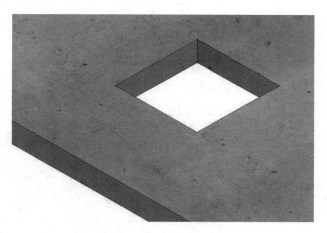

☞ **练习：创建楼板孔洞**

- 绘制一个块来表示楼板中的孔洞。
- 使用"创建孔洞"来应用该孔洞。

开孔操作

使用"开孔操作"可以在楼板或者其他实体上创建孔洞。

可经由"建筑设计 > 拷贝特征 > 开孔操作"访问该工具。

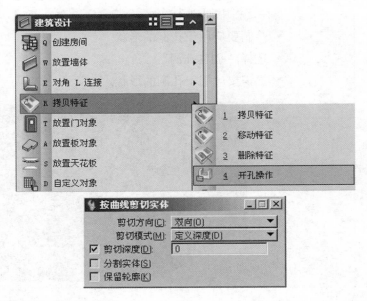

要在楼板中创建孔洞：

- 绘制要应用于凹陷的形状。
- 选择"开孔操作"。
- 将"剪切模式"选为"定义深度"。
- 输入"剪切深度"值。
- 标识楼板并接受。
- 标识要应用于孔洞的形状并接受。

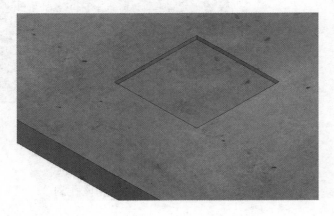

创建凸台

"创建凸台"工具用于在楼板上创建凸台。可经由"建筑设计 > 拷贝特征 > 创建凸起"访问此工具。

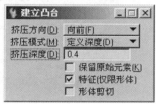

要在楼板中创建凸台：

- 绘制要应用于凸台的形状。
- 选择"创建凸起"。
- 选择"挤压模式"为"定义深度"。
- 输入"挤压深度"值。
- 标识楼板并接受。
- 标识要应用于凸台的形状并接受。

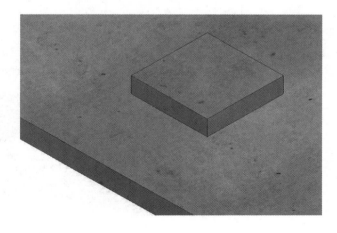

☞ **练习：在楼板上创建凸台**

- 绘制一个块来表示楼板上的凸台。
- 使用"创建凸台"来应用该凸台。

3.4.3 孔洞对象

"孔洞对象"根据附加的用户可定义数据来创建圆形或矩形空洞。它与前面开孔操作的区别是，生成可以被统计的孔洞对象，就像门窗一样，可以被独立地创建和编辑。它的信息可以被统计。

"孔洞对象"工具位于"建筑设计 > 放置洞对象"中。

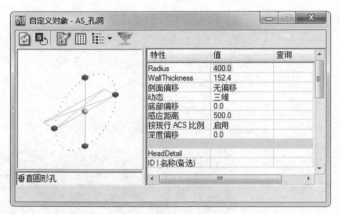

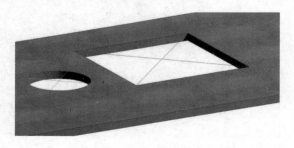

"孔洞"工具会自动在孔洞中放置一个竖井符号。

提示："选择元素"图柄可用于调整孔洞的大小。

☞ **练习：孔洞**

- 在现有楼板中放置"孔洞"。
- 使用"选择元素"图柄修改大小。

3.5 特征

对形体或实体所做的一些操作，我们称之为"特征"（Feature）。例如，可使用"创建孔洞""按曲线剪切实体"和"创建凸起"来创建特征，然后复制、移动或删除这些特征。

可通过"建筑设计 > 复制/移动/删除特征"命令对特性进行操作。

要复制/移动/删除某个特征：

- 选择"复制/移动/删除特征"工具。
- 选择包含该特征的形体或实体。
- 选择要对其进行操作的原始元素。
- 该元素会动态地连接至光标。

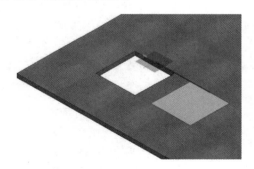

- 将选定的特征复制/移动/删除到所需位置，然后输入数据点以表示接受。

提示：通过设置"复制特征"中的"重复"可进行多次复制。

☞ **练习：特征**

● 使用"复制/移动/删除特征"对楼板进行细化。

3.6 楼梯

3.6.1 放置楼梯

可通过"建筑设计 > 放置楼梯"选择"放置楼梯"命令。

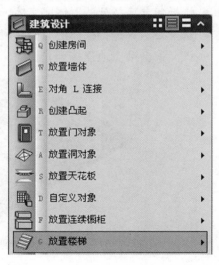

3.6.2　楼梯放置设置

"楼梯放置设置"对话框中包含以下设置：

- 楼梯类型。
- 楼梯梯段。
  - 直梯。
  - 双向直梯。
  - 直角转弯。
  - 半转。
  - 两个直角转弯。
  - 三个直角转弯。
- 楼梯对齐。

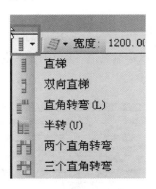

- 楼梯宽度。
- 楼梯高度。可以是固定尺寸，也可以通过楼层选择器进行设置。
- 顶部偏移和底部偏移。

☞ **练习：放置楼梯**

- 选择"放置楼梯"并创建不同的楼梯梯段。
- 更改"对齐"和"偏移"。

3.6.3　修改楼梯

楼梯特性

可使用"修改属性"工具修改楼梯。执行该操作需打开"楼梯放置设置"中的"楼梯特性"对话框。

"属性"面板由八个不同的选项卡组成，用于管理完整楼梯组合件的属性。这个属性面板，也可以在放置楼梯时打开，来设置楼梯的参数。

"放置"选项卡中包含一个常用属性集合，旨在提高操作便捷性，进而提升设计效率。该集合主要包含用于控制楼梯基本几何图形和尺寸的最常用属性。

"约束"选项卡包含各种供楼梯设计之用的建筑规范、法规和组织优选项。任何楼梯参数值的偏差都能通过可视指示显现出来。所提供的默认约束文件基于建筑图形标准针对楼梯设计提出的建议编制而成。

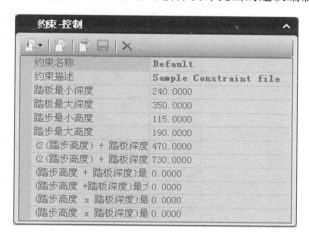

"踏板"选项卡包含踏板的相关参数，包括踏板轮廓和梯缘条件。

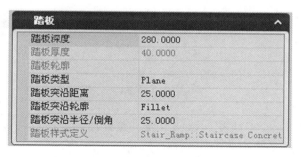

"踏步"选项卡用于定义楼梯踏步的特征。

"纵梁"选项卡用于定义楼梯纵梁的参数，包括轮廓。

"缓步台"选项卡提供楼梯（而非直梯）的缓步台属性。

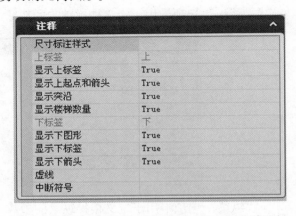

"注释"选项卡提供楼梯注释。注释属性可控制显示特性，包括在动态视图中剪切的几何图形。

注释	
尺寸标注样式	
上标签	上
显示上标签	True
显示上起点和箭头	True
显示突沿	True
显示楼梯数量	True
下标签	下
显示下图形	True
显示下标签	True
显示下箭头	True
虚线	
中断符号	

"特性"选项卡提供不显示但可报告的非图形楼梯属性。

特性	
消防通道	false
避险处	false
编号	
序号	
ID | 名称(备选)	
描述	Concrete Monolithic Stair
ID | 批注	
ID | 资产标签	
注释	
IsExternal	false
IsBelowGrade	false
可使用性 | 残疾人适用	false
可使用性 | 防滑表面	false
定相	
MasterFormat编码	
MasterFormatdescripti	
OmniClass编码	
OmniClassdescription	
UniFormat编码	
UniFormatdescription	
NATSPEC编码	05 540
NATSPECdescription	"Stairs, ladders and wal
CBI2011编码	3100
CBI2011description	Concrete general
IfcOverride	
IfcOverridedescriptio	

提示："约束"将对楼梯修改权限加以限制。

☞ **练习：修改楼梯**

- 选择"修改属性"并标识一个现有楼梯。
- 使用"楼梯特性"对话框更新该楼梯的设置。

3.6.4 放置栏杆

借助于"放置栏杆"工具，设计者能够在同一组合件中同时创建扶手和栏杆。此外，设计者还可以创建符合楼梯坡度的栏杆。

"放置栏杆"位于"建筑设计 > 楼梯扶手"下。

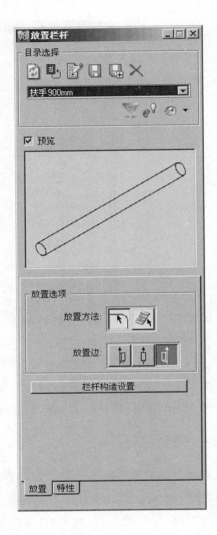

放置方法：

- 选择现有线串或弧串。
- 选择现有楼梯。

栏杆构造设置：

- 围栏。
- 杆。
- 栏杆。
- 端点。

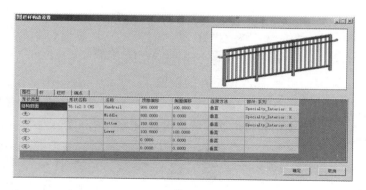

要按楼梯放置栏杆：

- 选择"楼梯放置"的"按现有楼梯"方法。
- 选择"放置边"。
- 更改任何适用的"构造设置"。
- 选择现有楼梯。

☞ **练习：放置栏杆**

- 选择"按现有楼梯放置栏杆"。
- 选择"放置边"并标识一个现有楼梯。

3.6.5　修改栏杆

可使用位于"基本"菜单中的"修改属性"工具修改栏杆。

☞ **练习：修改栏杆**

- 选择"修改属性"并标识一个现有栏杆。
- 修改该栏杆的设置。

提示："提取放置线"（从现有栏杆或楼梯中提取）是另外一个用于修改栏杆的工具。提取智能线后，可用其放置其他栏杆。

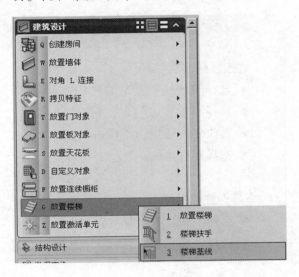

3.7 柱

3.7.1 钢柱

可通过"结构设计 > 放置钢结构柱"工具来放置钢柱。

钢构件工具中包含多种用于设置结构属性（如截面大小、旋转角度和放置点）的设置。

截面

与所有结构构件放置工具相同，"目录选择"对话框区域也包含了用于选择和编辑结构组件目录的数据组工具和信息。将提供一个可选预览窗口来显示目录选择，其中包括放置点和截面方向。

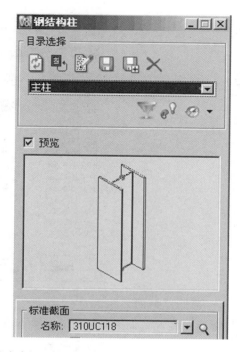

- 从"目录实例"中选择柱类型。

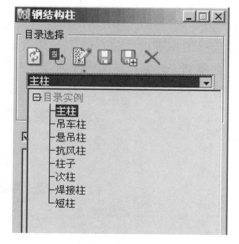

- 从"标准截面 > 名称"中选择"浏览"按钮。

- 选择"文件 > 打开"。

- 选择"截面"。

提示：键入截面名称时，系统会创建一个选取列表，以便从中进行选择。

放置点

"放置点"用于控制结构构件的放置点。放置钢构件时，构件上光标所连接的位置由放置点确定。该点也代表了结构构件的旋转轴的端点，并将基于该轴对结构构件进行分析。

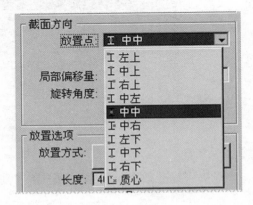

放置选项

- 可使用五个"放置选项"来放置结构构件：

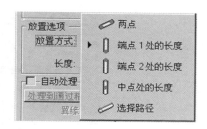

- 两点：通过输入两个数据点进行放置。
- 端点 1 处的长度：根据基点和固定长度放置钢。
- 端点 2 处的长度：根据顶点和固定长度放置钢。
- 中点处的长度：根据中点和固定长度放置钢。
- 选择路径：沿基本元素的路径进行放置。构件的方向由放置基本元素后"精确绘图"罗盘的位置确定。创建曲线构件或波浪形构件时，通常会使用此方法。

☞ **练习：放置钢柱**
- 选择"放置钢柱"并通过以下方式进行放置：
  - 两点。
  - 长度。

3.7.2　混凝土柱

放置混凝土柱的设置用于放置矩形或圆形混凝土柱。可经由"结构设计 > 放置混凝土柱"访问该选项。

提示：放置混凝土柱的设置与"放置钢柱"对话框中的设置类似。

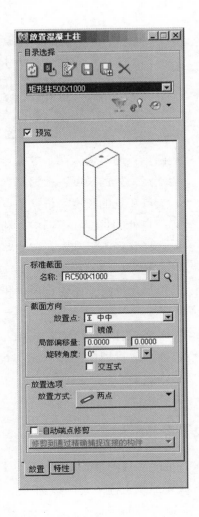

☞ **练习：放置混凝土柱**

- 选择"放置混凝土柱"并通过以下方式进行放置：
  - 两点。
  - 长度。

3.7.3 修改柱

可使用位于"基本工具"菜单中的"修改属性"工具修改柱。

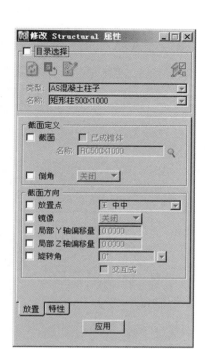

☞ **练习：修改柱**

- 选择"修改属性"并标识一个柱以做修改。
- 更改"截面类型"并输入数据点以表示接受。
- 选择一组柱并对其进行修改。

3.8 屋顶

"放置屋顶"工具用于创建屋顶构件，利用该工具可以根据一个轮廓来创建屋顶对象。

"倾斜式屋顶"由具有彼此平行的上下平面的构件组成。

"复折式屋顶"与"倾斜式屋顶"的放置方法相同。复折式屋顶的端点与墙壁接合，墙壁垂直延伸至屋脊线。

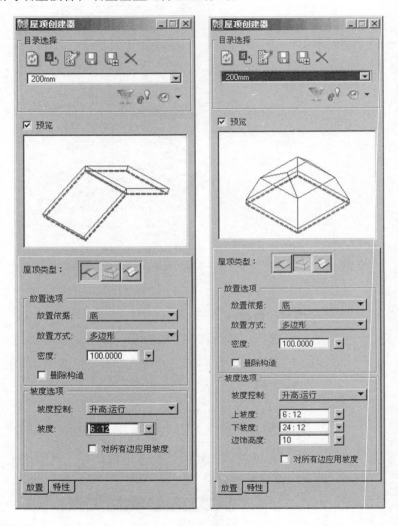

可使用弧、直线、曲线和圆形创建轮廓屋顶。轮廓屋顶的应用不受任何限制，这一点与用于创建它们的轮廓形状别无二致。它们既可以创建用于遮蔽敞口的简单护顶，也可以创建由弧轮廓构成的复杂屋顶。在由一个或多个线段（包括直线和曲线）构成的路径上，这些轮廓会受到不同程度的挤压。

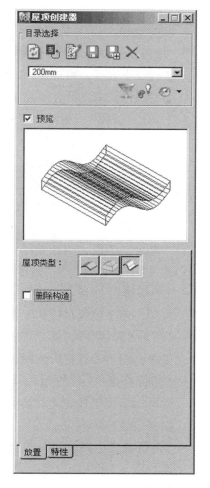

"放置选项"：选择"倾斜式屋顶"类型图标或"复折式屋顶"类型图标后，可以进行以下设置。

- "放置依据"：设置屋顶的放置方法（相对于用于放置屋顶的数据点而言）。
  - 底：自下而上放置屋顶。
  - 顶：自上而下放置屋顶。
- "放置方式"：设置屋顶的构造及放置方法。
  - 形状：要创建屋顶，首先应选择一个形状。该形状定义了屋顶迹线的外部周长。
  - 厚度：指定屋顶形体的厚度。
  - 删除构造：选中后，将在放置屋顶时删除用于创建屋顶迹线的形状。

- 坡度选项：以下是"坡度选项"组框中提供的设置。选择"倾斜式屋顶"类型图标或"复折式屋顶"类型图标后，可以进行以下设置。最近使用的设置菜单选项可继续使用。

- 坡度控制可采用三种方法控制屋顶坡度：

  - "升高：每段"：表示为以冒号分隔的等式，左侧为高（垂直距离），右侧为长（水平距离）。

  - 角度（$y°$）：表示为以度计量的数字角度值，其范围为 0°（水平）至 90°（垂直）。这些数值可以是整数，也可以是小数。

  - 百分比（$x\%$）：表示为倾斜度的数字百分比值；指的是水平长度每延长一米，垂直高度所上升的距离百分比。

  - "坡度"字段：为选定的"坡度控制"输入适当的数字表达式（"升高：每段""角度"或"百分比"）。

  - "上坡度"字段：此字段在选择"复折式屋顶"类型图标后可用，用于设置复折式屋顶和折线型屋顶的上坡度值。

  - "下坡度"字段：此字段在选择"复折式屋顶"类型图标后可用，用于设置复折式屋顶和折线型屋顶的下坡度值。

  - "边饰高度"字段：此字段在选择"复折式屋顶"类型图标后可用，用于设置弯曲点屋脊线（称为边饰，为上下坡度曲面交会处）的高度。

  - "对所有边应用坡度"：与创建倾斜的屋顶结合使用。选择此设置后，"屋顶创建器"命令将创建一个四坡屋顶。通过将此设置与复折式屋顶类型结合使用，可创建折线型屋顶。

创建屋顶的步骤

- 绘制一个多边形。
- 选择"屋顶创建器"。
- 选择该多边形。
- 如果未选中"对所有边应用坡度"，则必须选择该多边形的边来生成坡度。
- 将在选定的两侧显示图示符箭头，以生成坡度。
- 点击鼠标右键（重置）以创建屋顶。

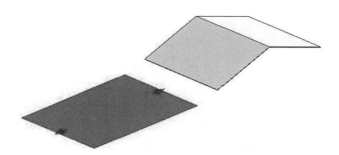

☞ **练习：屋顶创建器**

- 绘制多个多边形来表示屋顶的总体大小。
- 选择"屋顶创建器"。
- 创建一个倾斜式屋顶。
- 创建一个复折式屋顶。
- 使用智能线创建屋顶轮廓。
- 使用"轮廓"类型创建屋顶。

修改屋顶

修改屋顶坡度

"修改屋顶坡度"工具用于修改屋顶平面、屋顶线、屋顶排水槽的坡度以及屋顶栏杆的厚度。

要修改屋顶坡度

- 选择"修改屋顶坡度"工具。
- 为选定的"坡度控制"输入适当的数字表达式（"升高：每段"

"角度"或"百分比")。

- "升高：每段"：表示为以冒号分隔的等式，左侧为高（垂直距离），右侧为长（水平距离）。

- 角度($y°$)：表示为以度计量的数字角度值，其范围为 0°（水平）至 90°（垂直）。这些数值可以是整数，也可以是小数。

- 百分比（$x\%$）：表示为倾斜度的数字百分比值；指的是水平长度每延长一米，垂直高度所上升的距离百分比。

- 选择要应用新坡度的屋顶平面。

- 继续选择屋顶平面。

- 重置以确认操作。

修改屋脊线

- 使用"选择元素"工具选择现有屋顶。

- 注意出现在屋脊线上的垂直箭头图示符。

- 选择要修改的屋脊线的图示符箭头。

- 随即显示"精确绘图"罗盘且屋脊线以动态方式显示在光标上。

- 将屋脊线移至所需高度，然后输入数据点。

- 新屋脊线放置完毕，且所有毗邻的屋顶表面与边缘均参照该屋脊线进行了修改。

提示："创建空洞"和"创建凸台"工具还可用于操作屋顶对象。

☞ **练习：修改屋顶**

- 使用"选择元素"工具选择屋顶。

- 使用屋顶图示符修改屋脊线。

- 选择"修改屋顶坡度"，然后更改现有屋顶的坡度。

修剪屋顶

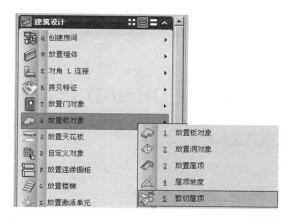

修剪屋顶工具用于将两个屋顶，或者用一个多边形对屋顶进行剪切。

要修剪屋顶

- 为新毗邻屋顶放置一个多边形。
- 必须对该多边形进行合理布局，使其（在平面视图中）穿过现有屋顶平面（其中必须连接新屋顶）的相交边。
- 该多边形的放置高度可以与现有屋顶的下边缘高度相同。也可以调整该多边形的放置高度，以适应新建筑翼角的墙壁高度。
- 选择"剪切屋顶"工具。
- 选择现有屋顶，然后选择多边形。新屋顶随即与现有屋顶相连。
- 重置。

☞ **练习：修剪屋顶**

- 放置两个彼此重叠的屋顶。
- 使用"剪切屋顶"工具对两个屋顶进行修剪以适应彼此的大小。

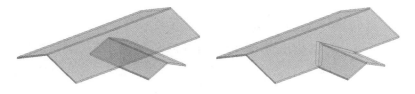

提示：需要删除用于创建屋顶的原始多边形。

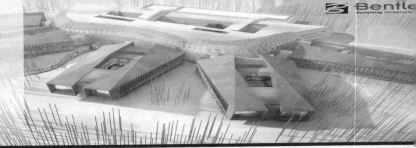

4 AECOsimBD 建筑模块：楼层建模

模块概述

在本模块中，用户将从楼层、墙和天花板建模的基础知识开始学习。

模块先决条件

- 参加过 AECOsimBD Prerequisites 课程——BIM 基础与流程，或者具有 Bentley Building 软件的使用经验。

模块目标

完成对本模块的学习后，用户将能够：

- 使用"楼层选择器"。
- 使用房间对象。
- 创建和修改墙。
- 使用"HUD"编辑功能。
- 使用"图形组锁"和"关系锁"。
- 放置和修改门窗。
- 创建天花板网格。
- 使用"数据组浏览器"管理数据。

4.1 文件组织

☞ 练习：新建文件

- 在 Windows "打开的文件"对话框中，按如下所示设置"工作空间"：

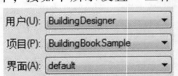

  - 用户：Building Designer。
  - 项目：Building Book Sample。
  - 界面：default。

使用默认种子文件 DesignSeed. dgn 创建新设计文件 Architecture. dgn。

4.2　楼层选择器

"楼层选择器"用于选择楼层及关联的楼层参考平面。之后，用户可以将它们激活，以便进行建模和放置图形。

要打开"楼层选择器"，请选择菜单"建筑系列 > 楼层标高选择器"。

提示： "楼层标高选择器"自动停靠在应用程序窗口的底部，与"视图组"相邻。

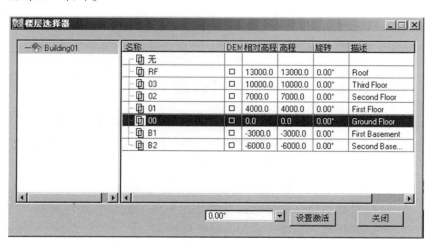

● 选择"无"旁边的箭头，打开对话框。

• 通过双击楼层和参考平面的名称可将其激活。

提示：如果项目中有多个建筑，则选择"楼层选择器"图标；高亮显示相应的建筑并"设置激活"。

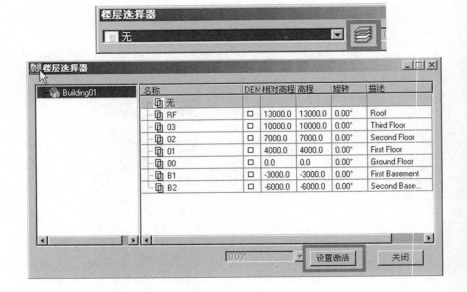

☞ **练习：楼层选择器**

• 打开"楼层选择器"。

• 查看"楼层"和"参考平面"。

• 将激活建筑更改为 Building 01（用户也可以新建自己的楼层标高）。

• 将"当前楼层"设置为楼层 1。

4.3　房间/空间对象

可通过"建筑设计 > 创建房间"获取"创建房间"命令。房间也可以被称为空间对象（Space）。借助于该工具，可以绘制、定位和标识各个房间，并为其添加标签。

可使用"标签"和"编号"等房间属性为楼层和天花板平面自动生成自定义的房间或区域添加标签。此外，还可使用与 AECOsimBD 空间关联的数据生成房间的统计报表。

4.3.1　创建房间

提示：有关空间的高级使用，包括如何从建筑程序导入空间和基于空间数据创建渲染楼层平面，请参阅 AECOsimBD Architecture 空间计划器模块。

"创建房间" 选项

- 绘制：通过绘制一个形状来创建边界。
- 选择：通过选择一个现有形状来创建边界。
- 泛填：在可泛填的区域内创建空间。

"空间边界类型" 选项

下列选项只有在"空间边界"方法设置为"绘制"时才启用。

- 矩形：绘制一个长方形。
- 多点：绘制由多个数据点形成的闭合多边形。
- 圆：绘制一个圆形。
- 椭圆：绘制一个椭圆形。
- 不绘制：在不绘制边界的情况下创建空间和放置标签。

空间类型

打开"空间类型"菜单，可从中选择数据组空间目录项。

粗体值将成为空间标签的一部分。此外，可以为下列空间计划输入非粗体值：

- 实际面积。
- 标签（区域名称）。
- 编号（区域 #）。
- 规划面积（设置由设计团队或客户规划的面积值）。

"标签放置" 选项

- 动态：开启后，以动态方式放置空间标签。
- 中心：启用后，自动将空间标签放置在空间的中心。

"泛填"选项

这些设置在选择"泛填边界"方法创建空间时启用。其选项包括：

● 关联泛填空间：用于创建关联空间，并且其定义会在修改和更新关联元素（例如墙）后自动进行修改和更新。

● 允许孔大于：启用后，通过空间边界内的闭合区域和多边形所定义的排空和孔将在空间区域内保持不变。在设置字段中指定孔的最小可识别尺寸。

● 允许泛填空间：启用后，将识别空间边界的轮廓。禁用后，将忽略空间边界并泛填整个空间。

在识别空间定义之间的区域（如走廊和通行与出口所占的区域）时，该设置尤为有用。此外，为示意性体块创建规划面积时，还可使用该设置来识别所使用的总空间。

● 忽略选择集：用于识别选择集的空间泛填方法。在某选择集处于激活状态且该选项被禁用的情况下，"通过泛填法创建空间"命令将正常工作，不过用户只能泛填选择集中包含的闭合区域。启用该选项后，该命令会在创建新空间时忽略选择集。

● 到墙中线：启用后，会将空间边界延伸至相应墙的中心线。当需要为净建筑面积、原始建筑面积和总建筑面积计算差值时，该选项十分有用。

● 最大墙间隙：启用后，将拉伸局部墙和墙分区，从而为常规开放区域创建空间定义。建筑中未通过固定墙明确界定的区域均由此选项进行设置，因为在创建空间时这些区域的边界会暂时闭合。

☞ 练习：创建空间

● 使用"矩形"选项绘制空间。

● 使用"多点"选项。

● 绘制一个形状并使用"选择形状并转换为空间"。

提示：在本练习中，使用"楼层标高选择器"设置所需楼层。

4.3.2 编辑房间

"编辑房间属性"对话框用于显示和编辑空间的相关数据。

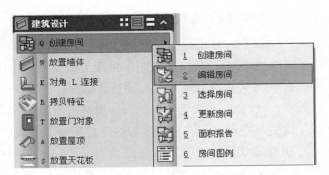

• 选择"编辑房间属性",然后选择一个先前放置的空间来编辑属性值(如天花板高度)。

提示:要编辑属性值,必须先选中"应用/编辑"字段。

☞ **练习:编辑空间属性**

• 选择一个先前放置的空间并选择"编辑空间属性"。

提示:可通过如下方法修改空间的大小和形状:选择一个空间,然后左键单击选择该空间时,显示在它的各个顶点上的编辑图柄之一。再次单击左键将确定所选择空间顶点的新位置。如果用户想保持选定顶点的角度不变，请在选择要移动的顶点后按〈Alt〉键。再次按〈Alt〉键会释放角度锁。

4.4　创建墙

4.4.1　放置墙

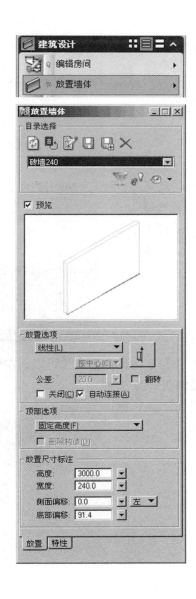

"放置墙体"对话框中的设置包括以下选项：

● 目录选择：显示可用的墙类型。

提示：可以放置单层墙，也可以放置复合墙。复合墙是两个或更多集合到一起且同时放置的单层墙的组合。

● 墙的类型：有三种可用的墙类型。

   ● 线性。

   ● 弧。

   ● 曲线。

● 方位：墙的放置方位可以为左侧、中心或右侧；预览图以红色箭头线反映所选的方位。

- 翻转：启用后，墙段会沿放置线翻转到相反方向。复合墙门窗扇也会翻转到墙的相对侧。

- 关闭：启用后，将以放置多边形的方法放置墙。要结束放置，请单击鼠标右键。随后将显示一面包围已定义区域/多边形的墙。

- 自动连接：启用后，新放置的墙将会自动进行连接和修剪以及建立与相邻现有墙之间的隐含关系。

- 放置选项：该选项包含以下内容：

  - 高度。

  - 宽度：可能会锁定某类墙的宽度以免被用户编辑，进而保护这类墙的完整性。

  - 侧面偏移：设置墙段的偏移距离和方向，该墙段平行于根据两个放置数据点定义的线。

  - 底部偏移：在当前工作平面中将墙底部沿 Z 方向移动特定距离。若"底部偏移"的值为正值（＋），则墙底部在当前平面中向上移动；若为负值（－），则向下移动。

该放置设置在以下两种情况下尤为有用：一种情况是放置墙顶部与第一层楼板对齐的基墙时，另一种情况是放置高度低于已完成的楼层标高、放置在砖架上的砖墙时。

此外，还提供了其他可协助放置墙的目录组织工具。

- 过滤器：用于对墙体类型按照不同的参数进行过滤。

- 匹配：用于匹配现有墙的属性并在对话框中设置属性。

- 选择历史：用于显示最近使用的墙列表。使用此选项，设计者不必返回到"目录选择"菜单进行滚动浏览，这样可以节省时间。

现在我们已探讨了通过设置"放置墙体"对话框选项可以简单方便地完成墙的放置过程。建立墙的相关设置（墙的类型、放置选项、顶部选项、侧面偏移、底部偏移和数据属性）后，只需在模型中想要开始放置墙的位置输入一个数据点（左键单击），然后输入另一个数据点来定义墙的末端位置。要终止墙的放置，请在最后输入的数据点处右键单击进行重置。

☞ **练习：使用"放置墙体"**

- 使用"楼层标高选择器"将第一层设置为当前工作平面。

- 选择单层墙类型。

- 将"放置选项"中的模式设置为"线性"并放置一些墙。重置（右键单击）以终止命令。

- 将"放置选项"中的模式设置为"弧"并放置一些墙。重置（右键单击）以终止命令。

- 将模式重置为"线性"，然后启用"放置选项"中的"关闭"选项。放置几面墙并注意"关闭"选项在"放置墙"工具上的差异。当放置的墙符合要求时，通过重置（右键单击）来终止墙的放置并禁用"关闭"选项。

- 启用"自动连接"选项后，放置一个捕捉到已放置的墙或与之部分重叠的墙。注意，会自动进行墙的清理（在墙的两端或墙段中间连接的三通处斜接）。

- 更改墙的类型，选择一面复合墙。

- 在禁用"翻转"选项的情况下放置复合墙。

- 启用"翻转"选项并放置上一步骤中所放置的复合墙。

- 随时浏览目录中不同的墙类型。

- 输入"侧面偏移"的值并放置几面墙。将"侧面偏移"的方向从"向左"更改为"向右"并注意两者的差异。

- 输入"底部偏移"的值并放置几面墙。将底部偏移的值更改为负值（-），并注意墙底部将向下移动。

- 使用"匹配型号和属性"，然后选择一个先前放置的、不同于当前墙类型的墙。注意更改放置选项，使其与所选的墙相匹配。

提示："放置墙体"命令处于激活状态时可以更改墙放置选项。这样，便可以使用某些放置选项来放置一种墙类型，然后在无须重设命令和不丢失墙放置点的情况下更改墙类型和/或放置选项。在"放置墙"命令处于激活状态时可以更改的选项包括：墙的类型、高度、宽度、侧面偏移、底部偏移、方向、线性/弧/曲线、翻转和所有非图形数据属性。

"目录选择"会自动设置相应墙体的图层、样式等特性，当然墙体的类型也可以定义。

4.4.2 房间生墙

"房间生墙"工具用于跟踪空间形状外边界上的单叶墙，获取路径为"放置墙体 > 房间生墙"。"房间生墙"是一个快速将空间规划布局转换为示意性设计模型的有效方法。

有两种放置方法，一种是空间形状选择集，另一种是单个空间形状。

● 空间形状选择集。为空间选择集创建墙时，均按中心放置墙，意味着墙的中心与空间形状的边相同。当多个空间共享一个公共边界时会移除重复的墙。在此过程中，将重新绘制空间形状以使空间形状的边界与其围墙的内部相符、建立空间与围墙间的隐含关系以及自动重新计算空间面积。

● 单个空间形状。为单个选定的空间创建墙时，可以在空间形状边界的内部、外部或中心放置墙。随后会重新绘制空间形状并相应地重新计算空间面积。

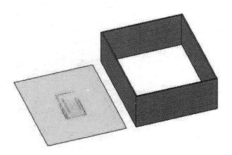

☞ 练习：使用"房间生墙"

● 在单个空间内创建墙。

● 打开"房间生墙"工具并从"墙型号"中选择一种墙类型，然后选择一个已放置的空间。

● 选择空间后，将会提示"接受"或"拒绝"所选空间。单击左键接受或单击右键拒绝，然后选择另一个空间。

● 接受空间后，将会提示"选择要放置的边"。

● 在选定空间边界内部输入数据点（左键单击）后，将沿着空间边界放置要创建的墙的外表面。

● 在选定空间边界外部输入数据点（左键单击）后，将沿着空间边界放置要创建的墙的内表面。

- 重置（右键单击）后，将沿着空间边界放置要创建的墙的中心。

☞ **练习：在多个空间内创建墙**

- 使用元素选择器从模型中选择两个或更多空间（尝试选择至少两个具有公共边的空间）。

- 选择空间后，使用"在空间内创建墙"工具打开对话框。选择一种墙类型，将放置设置或数据属性调整为所需设置，然后输入数据点在选定空间内创建墙。

提示：仅在空间边界重合处放置了一面共用墙。

4.5 修改墙

4.5.1 墙体连接

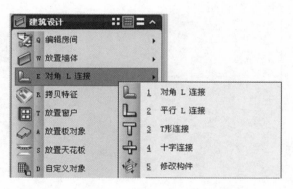

图标从上至下依次为：

- 按 L 形（对角）连接形体。
  - 离数据点最近的形体端点延长或缩短至与第二个形体的交点处。
- 按 L 形（错接）连接形体。
  - 离数据点最近的形体端点延长或缩短至与第二个形体的交点处。
- 按 T 形连接形体。
  - 标识的第一面墙将延长至第二面墙。
- 按交叉接头连接形体。
  - 第一面墙将由第二面墙打断。

☞ **练习：连接形体**

- 放置几面未连接的墙。
- 使用各个"连接形体"选项连接墙。

4.5.2　修改高度/底部/宽度/长度

用于修改墙的高度、宽度和长度的命令均位于"修改形体"中。选择"建筑设计 > 修改形体"。

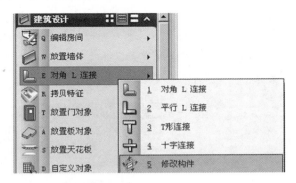

下图所示命令从左至右依次为：

- 修改墙的高度。
- 修改墙的底部。
- 修改墙的宽度。
- 延伸直线墙。

这些命令均具有更多选项，但我们将首先使用"添加距离"方法。

可用模式有以下三种：

- 绝对：相对于墙的基线更改墙的高度/宽度。
- 相对：向墙的高度/宽度添加指定的距离。正值（＋）会增加墙/高度/厚度的距离，而负值（－）会减少其距离。

- 按点：添加由数据点指定的距离。

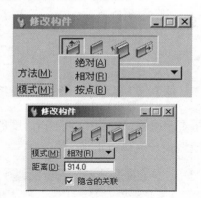

提示：在"修改宽度"中，"隐含的关系"用于维持相邻墙之间的关系。

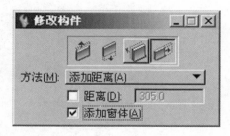

提示：在"拉伸"中，使用"添加形体"选项同时执行拉伸墙和创建新墙的操作。

☞ **练习：修改形体**

- 选择"修改形体"。
- 使用"添加距离"方法和"绝对""相对"和"按点"模式更改墙的高度。
- 使用"隐含的关系"修改墙的宽度。
- 使用"添加形体"拉伸墙的长度。

提示：使用应用了"到形体或多边形"方法的"修改形体高度"将墙拉伸至倾斜的屋顶或楼板的底侧。

4.5.3 打断墙/连接墙

"打断墙体"用于将现有墙打断为独立的墙段。

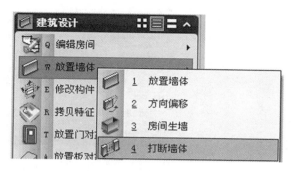

"合并墙体"用于连接两个或多个在同一条直线上的墙体。

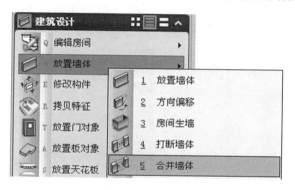

☞ **练习：打断墙和合并墙体**

- 使用"打断墙"来部分删除某个现有墙。
- 使用"合并墙体"来重新连接墙段。

4.5.4 更改墙的类型

可使用位于"基本工具"菜单中的"修改属性"工具来修改墙的类型。

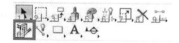

要修改单一墙

- 选择"修改属性"。
- 单击要编辑的墙。
- 从"目录选择"中选择一个新的墙类型。
- 在要更改的属性的"应用/编辑"字段中放置一个选中标记。
- 单击视图以更新选定的墙。

提示：选择"全部选取"可将墙的所有值更新至所选的新墙类型。

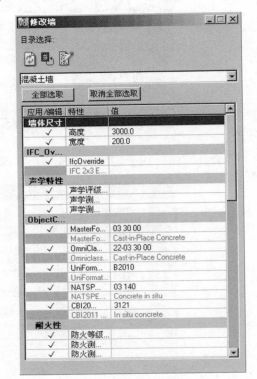

要修改多面墙

- 为要修改的墙创建一个选择集。
- 选择"修改属性"。
- 将"选择建筑组件"设置为"目录类型"——"墙"，"目录名称"——"全部"。

- 从"目录选择"中选择一个新的墙类型。
- 在要更改的属性的"应用/编辑"字段中放置一个选中标记。
- 单击视图以更新选定的墙。

☞ **练习：更改墙的类型**

- 选择"修改属性"并更改单一墙。
- 创建一个选择集并修改一组墙。

4.5.5 在位编辑

还有一种图形化的修改墙体的工具，我们称之为"在位编辑"或 HUD。使用"选择元素"工具激活 HUD。选择墙后会显示控制其位置的尺寸标注。通过"工作空间 > 优选项 > HUD"激活此选项。

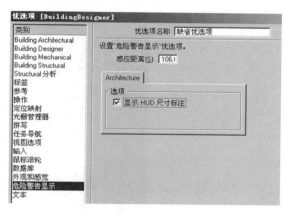

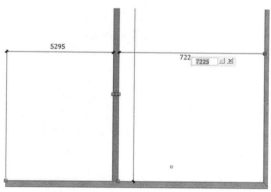

单击任意尺寸标注以显示允许编辑尺寸标注的工具框。

☞ **练习：使用墙体在位编辑**

- 在"顶视图"中，选择一面墙，然后选择 HUD 尺寸标注来更新长度。

● 选择一面与另一面墙平行的墙，然后使用 HUD 尺寸标注来更改该墙与相邻墙相关的尺寸。

提示：选择复合墙后，将会显示两个翻转复合墙图示符。这两个图示符可用于以下列方式翻转复合墙段：

● 在放置线上翻转。先使用"精确绘图"罗盘定义方向，然后单击该图示符并接受选择以沿放置线将复合墙翻转至相反方向。复合墙门窗扇也会翻转到墙的相对侧。

● 在适当位置翻转。先使用"精确绘图"罗盘定义方向，然后单击该图示符并接受选择以将复合墙门窗扇翻转到墙的相对侧。复合墙始终沿放置线方向。

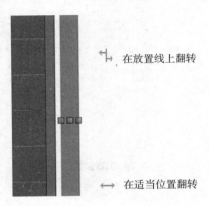

4.5.6　图形组锁和关系锁

"图标锁"对话框中有四个基本锁设置。我们来了解第一个锁和最后一个锁，即

● 图形组。

● 隐含关系。

提示：打开对话框并检查锁图标是否"已锁定"，或显示为红色以指示该锁处于激活状态。

☞ **练习：关系锁**

- 开启"隐含关系"锁，然后移动一面已连接的墙。
- 禁用"隐含关系"锁，然后移动同一面墙。

在 AECOsimBD 里，很多关联对象都是以一个图形组形式而存在的，在图形组锁起作用的情况下，它们是联动的。

该选项在操作"复合墙"时尤为有用。例如，禁用"图形组锁"后，可单独将墙面从墙的剩余部分中移走来创建墙空腔。

☞ **练习：图形组锁**

- 开启"图形组"锁，然后移动一面复合墙。
- 禁用"图形组"锁，然后移动一段复合墙。

4.6 门和窗

4.6.1 放置门

可通过"建筑设计 > 放置门"访问"放置门对象"工具。

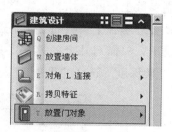

"放置门对象"对话框中包含一个门预览和几个用于指定门相关值的属性。

在"门预览"窗格上右键单击以查看显示选项。

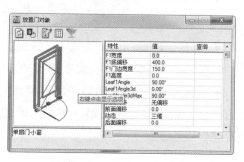

在门的属性里，有很多属性用来控制门的形体尺寸以及放置门时的一些参数，以及一些非图形尺寸。同时，需要注意的是，门的形式不同，控制参数也不同。用户只需尝试更改某些参数，观看形体及位置的变化，就会理解各个参数的含义，这是最有效的方式。

在这里，只需对几个关键参数说明一下。

- 框架深度。选择"匹配墙"选项后将忽略数字框架深度值。

- 动态。设置门的动态表示。"三维"是在放置门时动态显示的门的三维表示。"二维"是在放置门时动态显示的门的二维表示。
- 前面偏移。设置门对于墙体前面的偏移量来设计门框相对于墙厚度的尺寸。若偏移量为正值，则面向墙偏移；若偏移量为负值，则背对墙偏移。

● 按现行 ACS 比例。启用后，将相对于当前激活的 ACS（辅助坐标系）放置门。禁用后，将相对于墙体的底部放置门。

● 感应距离。设置针对门开洞的感应距离。

● 侧面偏移。启用后，将提供门相对于选定形体的侧面偏移。

放置点显示于门预览框中。激活的放置点通过实心绿色球体加以标记。

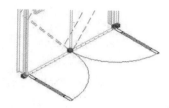

要放置门

● 选择"放置门"工具。

● 选择门的类型和值，包括放置点。

● 标识要放置门的墙。

提示：原点将自动放置在最近的墙尾。使用"精确绘图"确定距离。

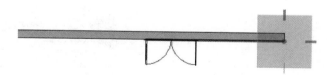

● 标识门的内外开启方向。

☞ **练习：放置门**

● 绘制多面具有不同宽度的墙。

● 选择"放置门"，然后放置多个具有不同属性值的门。

● 更改放置点。

4.6.2 放置窗对象

"放置窗"对话框与"放置门对象"对话框类似，它位于"建筑设计 > 放置门对象放置窗户"中。

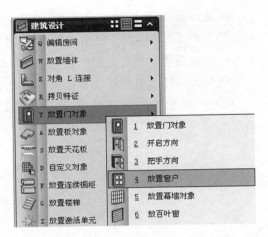

需要注意的是，对于门窗对象，都有一个属性来控制门窗距离墙体底部的距离，只不过，对于门对象来讲，默认取值为 0 而已。

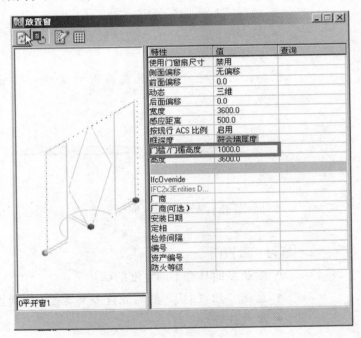

提示：放置窗对象时，"窗台/窗框高度"相对于当前楼层高度进行调整。

☞ **练习：放置窗对象**

● 选择"放置窗对象"，然后在现有墙上放置不同类型的窗对象。

- 更改"窗台/窗框高度"。
- 更改放置点。

4.6.3 修改门和窗

门对象放置完毕后，可通过更改相关参数（如"内外开启方向"和"左右开启方向"）对其进行修改。

"门"下拉菜单中包含以下选项：

- 修改门内外开启方向。选择门，然后修改其绕 Y 轴的旋转方向。
- 修改门左右开启方向。选择门，然后修改其沿 X 轴的开启方向。

提示：还可以通过另一种方法修改门：右键单击对象，然后从右键单击菜单中选择相应的修改工具。

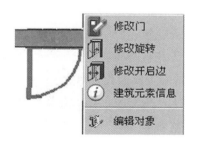

☞ **练习：修改门内外开启方向和左右开启方向**

- 选择一个门并更改它的"内外开启方向"和"左右开启方向"。选择"修改属性"来更改现有门或窗的值。

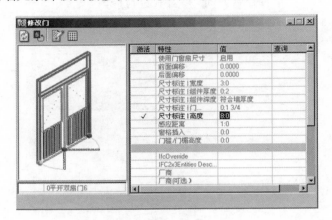

通过在"激活"列放置一个选中符号来选择要编辑的属性（如"高度"），然后更新该属性值。该命令通过单个数据点完成。门或窗可识别其所在的墙元素并预测被修改时须执行的修改操作。

- 可在一次操作中为选择集中的单个或多个元素修改多个门或窗的属性。例如，可在同一个操作中同时更改宽度和类型。

☞ **练习：修改门和窗**
- 选择"修改属性"更改现有门和窗的值和类型。

4.7 天花板

在天花板的功能模块里，有三个命令：
- 天花板：以一个对象为轮廓放置天花板。
- 天花板网格：建立天花板网格布置，进行其他对象的定位，或者以此为基础生成天花板对象。
- 天花板对象：在天花板网格上放置对象。

天花板网格

"天花板网格"工具用于创建或者替换已有的天花板网格对象。在放置时，可以读取房间对象的高度值，也可以参照当前的 ACS 或者楼层管理器的高度设定值。但需要注意的是，放置天花板网格是以一个房间对象为前提的，在放置的过程中，系统会让用户选择一个房间对象，然后才可以设置一些放置参数。

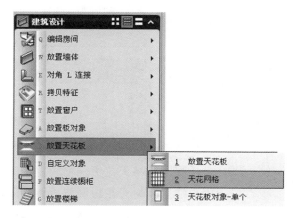

通过"天花板类型"设置要放置的天花板类型。

"天花板类型"的值包括：

- 网格：用于放置适合天花板构造的方格天花板网格。
- 行间距：在"天花板类型"设置为"网格"时启用。用于设置天花板网格行之间的间距。
- 列间距：在"天花板类型"设置为"网格"时启用。用于设置天花板网格列之间的间距。
- "高度"字段用于设置天花板网格的高度。

该字段包含下列各值：

- 空间高度：将天花板网格放置于创建空间时输入的空间高度处。

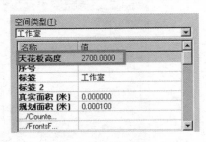

- 激活深度：将天花板网格放置于激活深度的高度处。
- 用户定义：将天花板网格放置于用户定义的高度处。
- 激活楼层/参考平面：将天花板网格放置于"楼层选择器"中定义的当前楼层参考平面上。

"网格"放置选项包括：

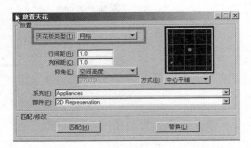

- 居中平铺（网格天花板）：将天花板平铺的中心放置于选定空间区域的中心，然后使用天花板网格泛填剩余的空间。
- 中心角（网格天花板）：将四个相邻天花板网格部分的角点放置于选定空间区域的中心，然后使用天花板网格泛填剩余的空间。
- 按点（网格天花板）：锚定天花板网格的一角，然后通过数据点将其放置于选定空间区域的任意位置。天花板网格会在放置期间自动连接至光标。
- 线性：此值用于放置一个适合线性木结构和线性金属结构天花板的线性天花板网格。
- 间距：在"天花板类型"设置为"线性"时启用。用于设置天花板网格线性构件中心之间的间距。
- 材料宽度：在"天花板类型"设置为"线性"时启用。用于设置天花板网格线性构件材料的宽度。

- 图案化：此值用于放置由灰泥和石膏建造的带图案的天花板。
  - 图案化单元：在"天花板类型"设置为"图案化"时启用，用于选择用来对天花板区域进行图案化处理的激活的天花板单元。
  - 整个天花板：在"天花板类型"设置为"图案化"时启用，用天花板图案泛填整个空间区域。
  - 周长：在"天花板类型"设置为"图案化"时启用，仅泛填空间周长（使用天花板图案）。

"匹配"按钮用于设置激活的设置，使其与选定的现有天花板相匹配。选定的天花板显示于"放置"预览框中。

"替换"按钮用于将"放置天花板网格"工具转换为单脉冲"替换天花板网格"工具，将现有天花板的属性修改为激活设置的值。

提示：不能复制、移动或缩放天花板。

☞ **练习：放置和替换天花板网格**
- 绘制多个闭合的房间。
- 使用"泛填"选项和"天花板高度"值在房间内放置空间。
- 使用"空间高度"值创建"天花板网格"。
- 使用"用户定义"值放置另一个天花板网格。
- 更改网格间距和"替换网格"的值。

4.8　使用"数据组浏览器"浏览信息模型数据

在开始进行建模工作时，项目团队会使用各式各样的门、窗、墙及其他构件对象来形成三维信息模型，这就需要后台提供一个开放且足够丰富的库与之配合。

我们在项目开始时，应该检查现有的构件类型是否满足项目的需求，如果不满足，应该采用数据组工具来补充完善，这个过程是伴随着项目进程的。为了实现构件标准的统一，应该由专人按照相应的规则来设定，而不是所有的人都来做这个事情，毕竟每个人一个标准，等于没有标准。

在数据组工具里，可以对库进行编辑修改，也可以对已经放置的工程内容进行统计。

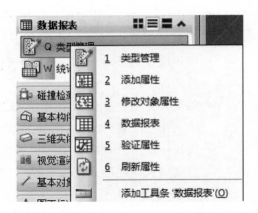

数据组浏览器

"数据报表"用于查询本模型文件中（包括参考文件）的信息模型数据，并在此基础上可以输出材料报表。当我们启动该命令时，系统会出现"数据组浏览器"对话框。

"数据组浏览器"实用工具有助于完成大量的数据管理任务，包括以多种格式导出数据以及创建用于编辑、操作和修改的选择集。

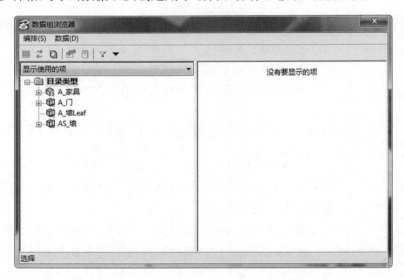

该菜单包括以下选项：

● 全部显示：所有激活的目录类型都将显示在"数据组浏览器"目录中。

● 显示已使用的：只有由激活 DGN 文件中现有实例表示的目录类型才会显示在"数据组浏览器"目录中。

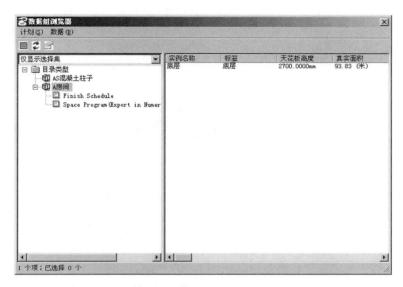

• 仅显示选择集：只有由激活选择中当前模型实例表示的目录类型会显示在数据组浏览器目录中。

　　提示：有关计划和报告的详细信息，请参阅 AECOsimBD Architecture——创建设计文档。

☞ **练习：查看"数据组浏览器"**

　　• 打开"数据组浏览器"。
　　• 将视图更改为"显示已使用的"。
　　• 查看激活文件中的数据。

Building
Success
Software for
• Design
• Analysis
• Construction
• Operations

5 AECOsimBD 建筑模块：内墙和幕墙建模

模块概述

在此模块中，用户将通过放置橱柜、通道对象（如爬梯、扶梯、坡道和电梯等）以及幕墙进一步丰富你的信息模型。

模块先决条件

• 参加过 AECOsimBD Prerequisites 课程——BIM 基础与流程，或者具有 Bentley Building 软件的使用经验。

• 参加过 AECOsimBD Architecture 课程。

模块目标

完成对本模块的学习后，用户将能够：

• 放置橱柜。

• 放置通道项，如爬梯、扶梯、坡道和电梯等。

• 放置幕墙和百叶窗。

• 放置其他目录类型（如消防设施和内部特殊设备）以及家具。

5.1 文件组织

☞ 练习：新建文件

• 在 Windows "打开的文件" 对话框中，按如下所示设置 "工作空间"：

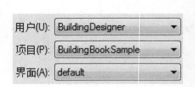

• 用户：Building Designer。

• 项目：Building Book Sample。

• 界面：default。

如有需要，使用默认种子文件 DesignSeed. dgn 创建新设计文件 Architecture. dgn。

5.2 橱柜

"放置连续橱柜""放置橱柜"和"放置搁架"以及其他的相关对象被整合在一个工具条里。

该工具可通过选择"建筑设计 > 放置连续橱柜 > 放置橱柜"进行访问。

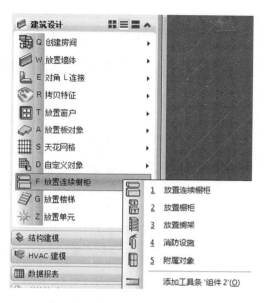

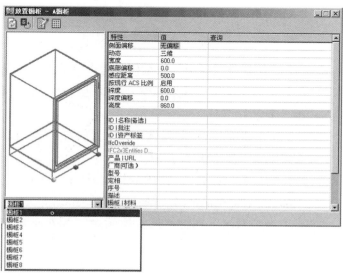

☞ **练习：放置橱柜**

- 选择"放置橱柜"。
- 放置矮柜。
- 放置壁柜。

提示：在此练习中，使用"楼层选择器"设置所需楼层。

连续橱柜

"连续橱柜"用于布置线性的橱柜对象。

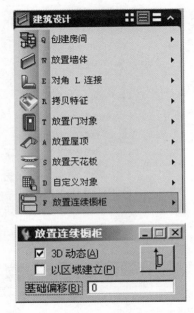

"放置连续橱柜"对话框中包含以下工具设置：

- 3D 动态：如果选中，三维连续橱柜会在其放置期间被动态连接到指针十字光标。
- 闭合周长：如果选中，重置后将从第一段橱柜的起点到最后一段橱柜的终点添加连续橱柜。
- 底部偏移：设置激活楼层标高与待放置项目（通常为底表面）标高之间的 Z 轴距离。"底部偏移"可以为负值。
- "放置"图标：设置连续橱柜相对于用于放置橱柜的数据点的位置。

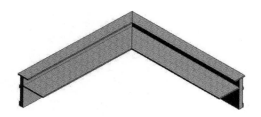

5.3 卫生洁具

5.3.1 洁具固定件

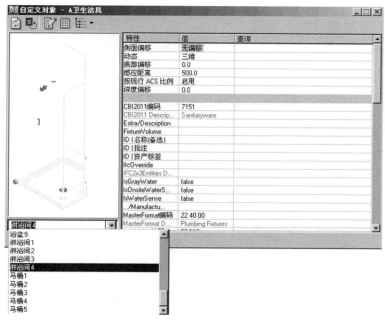

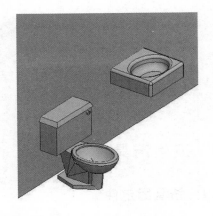

要正确放置固定件

- 标识要放置固定件的那面墙。

- "精确绘图"罗盘将原点移到距离数据点最近的墙尾。

- 使用"精确绘图"键入到原点的精确距离，例如 1m。

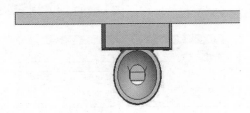

提示：可为壁挂式固定件输入"底部偏移"值。

☞ **练习：洁具**

- 放置墙。
- 选择"洁具"。
- 在墙上放置水槽和马桶。
- 使用"底部偏移"。

5.3.2 卫生隔板

可通过选择"建筑设计 > 用户定义对象 > 卫生隔板"访问该工具。

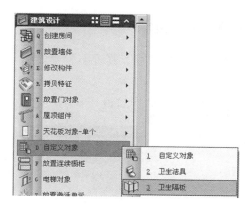

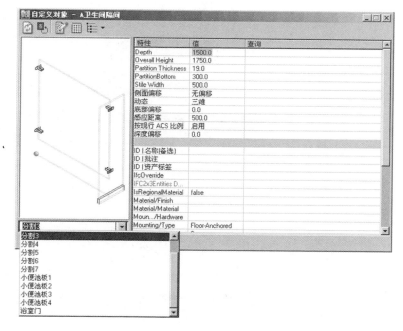

5.3.3 卫生设施

"卫生设施"用于放置干手器、镜子、纸巾盒、垃圾桶及其他卫生设施。

可通过选择"建筑设计 > 用户定义对象 > 卫生设施"访问该工具。

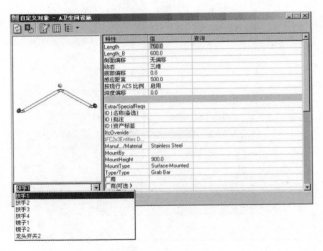

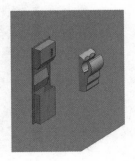

提示： 必须对放置卫生设施的那面墙加以标识。

可为壁挂式设施输入"底部偏移"值。

☞ **练习：卫生设施**

- 放置墙。
- 选择"卫生设施"。
- 在墙上放置各种设施。

5.4 通道对象

5.4.1 爬梯

"放置爬梯"工具可用于放置爬梯，以便够到屋顶入口。

可通过选择"建筑设计 > 放置楼梯 > 放置爬梯"访问该工具。

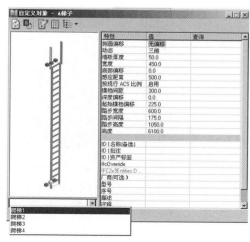

提示："爬梯"提供了 6 个"放置点"选项。设计文件中绿色的点表示激活的放置点。

☞ **练习：放置爬梯**
- 选择"爬梯"并放置不同的爬梯类型和放置点。

5.4.2 扶梯

可通过选择"建筑设计 > 放置楼梯 > 放置扶梯"访问该工具。

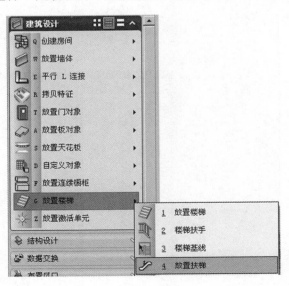

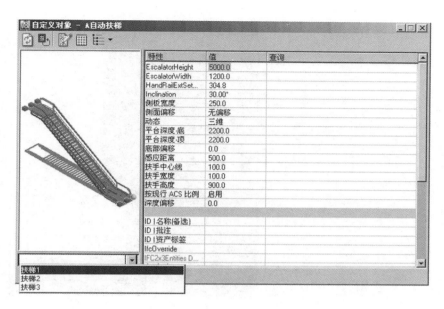

☞ **练习：放置扶梯**

- 放置墙。
- 选择"扶梯"并放置扶梯。

5.4.3 电梯

用于放置电梯及相关的组件。

可通过选择"建筑设计 > 放置楼梯 > 电梯对象"访问该工具。

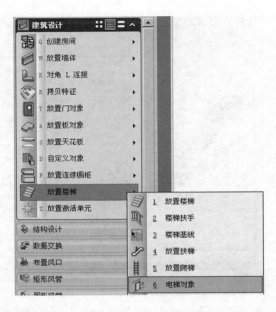

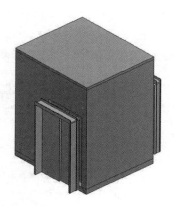

提示：必须对放置对象的那面墙加以标识。

5.5　幕墙

有两个选项可用来协助放置幕墙。使用"放置墙"时，幕墙可以作为一种复合墙体。以外，还可以用一种类似于门窗的对象来放置幕墙。

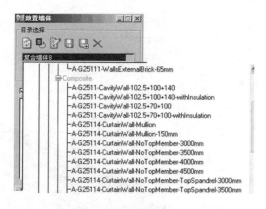

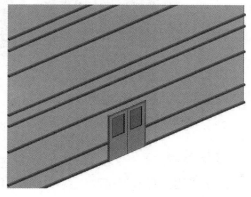

　　此外，在"用户定义的类型"中，用户可以选择"幕墙"，然后控制"竖框"的"高度""宽度""水平间距"和"垂直间距"等，并在已有的墙上进行放置。

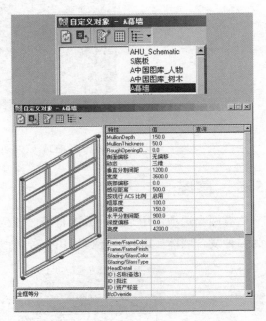

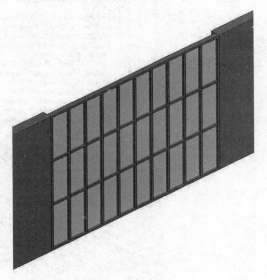

修改幕墙

除了采用信息模型修改工具外，还可以通过多种方式修改幕墙。

- 要添加更多细节（如更改竖框之间的等间距）：
  - 从"基本"菜单中，选择"打散元素"，然后选择打散实体到表面所对应的选项。

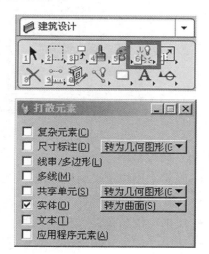

  - 选择"放置围栅"，然后选择"操作围栅内容 > 拉伸单元"。

  - 使用"精确绘图"更改间距。

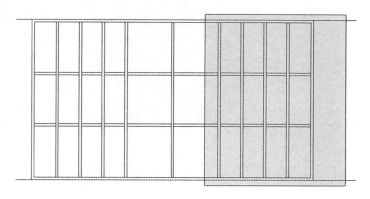

- 要重组元素，请选择整个幕墙，然后选择"添加到图形组"。

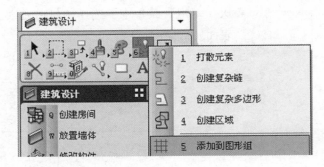

☞ **练习：修改幕墙**
- 放置"用户定义 > 复合墙"。
- 在幕墙上打散元素。
- 使用"围栅拉伸"拉伸竖框。
- 使用"添加到图形组"对墙进行重组。

5.6   百叶窗

可通过选择"建筑设计 > 放置门对象 > 放百叶窗"访问该工具。

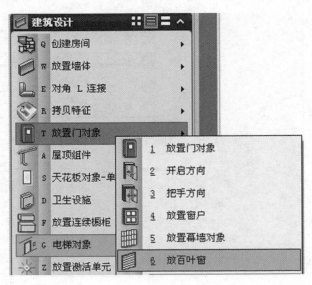

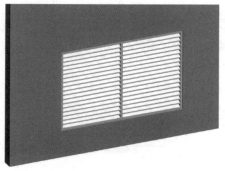

提示：必须对放置百叶窗的那面墙加以标识。

可针对百叶窗输入"底部偏移"值。

☞ **练习：百叶窗**

- 放置墙。
- 在现有的墙上放置百叶窗。

5.7　屋顶特殊设备

排水槽和落水管

"屋顶特殊设备"用于放置矩形和圆形落水管以及角形和直形排水槽。

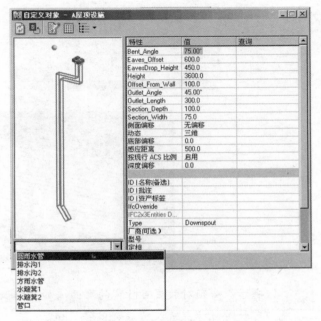

用户定义的项（如落水管）放置完成后，用户可以将其选中，然后使用图柄进行进一步编辑。

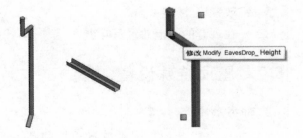

5.8　其他构件类型

5.8.1　消防设施

"消防设施"用于放置灭火器箱、除颤器等项目。

可通过选择"建筑设计 > 放置连续橱柜 > 消防设施"访问该工具。

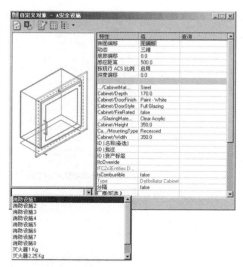

5.8.2　内部特殊设备

"内部特殊设备"用于放置锁扣装置、标记板、标识等项目。

可通过选择"建筑设计 > 放置连续橱柜 > 附属对象"访问该工具。

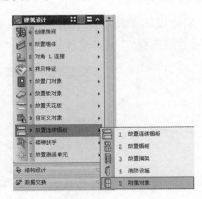

5.8.3 家具

"家具"用于放置椅子、桌子、办公设备等项目。

可通过选择"建筑设计 > 自定义对象 > 放置家具"访问该工具。

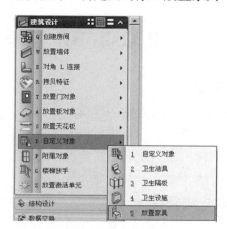

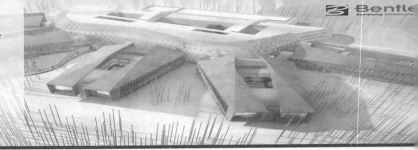

6　AECOsimBD 建筑模块：图纸输出

模块概述

　　建立了各专业的三维信息模型后，就可以根据需要输出二维图纸。在进行输出前，应该进行模型筛选，即建立一个空文件，将需要输出图的模型参考在一起，然后将没有必要的图层关闭。这个出图的模型，用户也可以认为是三维组装文件。

模块先决条件

- 全面了解 3D 模型的使用方法。
- 参加过 AECOsimBD Architecture Fundamental 课程，或具有 Bentley Building 软件的使用经验。

模块目标

　　完成对本模块的学习后，用户将能够：

- 组合三维模型：创建总装文件。
- 输出切图：平面图、立面图、剖面图以及详图。
- 组图：创建可供发布的完工图纸。
- 使用图纸规则：创建规则并管理"注释"功能。

6.1　创建楼层平面图

　　"创建楼层平面图"工具用于创建动态视图楼层平面图。

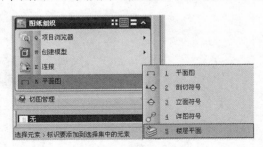

　　"创建楼层平面图"工具会从 AECOsimBD 楼层管理器、IFC i – model 以及已命名的 ACS 定义和形状中读取楼层定义，根据这些高度定义来生成平面图。

　　楼层平面图是基于用户定义的高度设置和"楼层管理器"中的楼层定义而创建的。设计师可以使用单个楼层定义或多个楼层定义来创建楼层平面图，也可以使用在模型内定义区域的多边形来创建。

　　楼层平面图的属性包括建筑和楼层定义、楼层和层数据、楼层标高和楼层间距。

　　"创建平面图"工具设置窗口会自动调整以适应楼层平面图的创建方法。

创建楼层平面图的方法如下：

- 用户定义的楼层平面图。
- 楼层平面图（按楼层）。
- 楼层平面图（按楼层集）。

　　工具设置窗口还提供用于设置"视图范围"和操作"剪切立方体"的控件。

☞ **练习：创建楼层平面图**

- 创建新文件：LoRise. dgn。
- 连接参考文件 _ A_ Master. dgn 和_ S_ Master. dgn（实时嵌套开启/深度 3）。
- 关闭 S – Steel 文件的参考显示，并使 S – Foundation 的参考显示保持打开状态。
- 从"图纸组织"任务中选择"创建楼层平面视图"。
- 在"创建平面"对话框中进行如下图所示设置。

提示：每个 AECOsimBD 应用程序均有其各自特定专业领域的绘图种子。可用的绘图种子文件将由最初启动的应用程序确定。

通过"视图范围"可设置剪切平面、前视图范围和后视图范围三者的高度。当该值设置为 1000 时，将会在第一层上方 1m 处剪切。

通过"模型范围"可以捕捉整个模型并自动设置剪切平面范围。

确保选中"创建绘图"。单击"视图 1"；将对所选视图进行剪切，使其与动态视图的剪切立方体相匹配。"创建绘图"对话框随即打开。

- 我们将分别为绘图模型和图纸模型创建新文件。要创建新文件，请单击各部分中的"文件名"开关，然后选择"创建新模型文件"和"创建新图纸文件"图标。

将它们分别命名为 LR_ FloorPlan – 01. dgn 和 LR_ A101. dgn。为匹配图像，应按如下方式设置对话框：

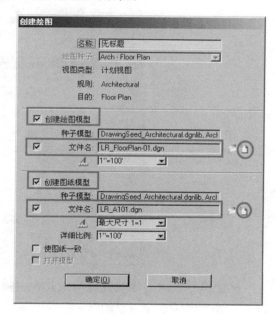

● 单击"确定"。

提示：选中"创建绘图模型"和"创建图纸模型"后，Building Designer 将创建一个切图定义，并将按照"切图"定义生成的切图（Drawing）放置在新建的文件上，同时将切图布置在一张预设大小的图纸上（Sheet）。当然，也可以将切图和图纸存储的模型（Model），放置在当前的 DGN 文件中。

这样便创建了绘图和图纸。在 AECOsimBD 中，可以使用超模型技术（Hyper Model），通过链接在模型、切图、图纸之间进行导航，也可以将二维的图纸放在三维模型的剖切位置，以核对二维图纸的细化是否与三维模型一致。

● 请确认"视图属性"中的"标记"已启用：打开"视图属性"对话框并启用"标记"。"标记"是 Building Designer 的新功能，通过该功能用户可以应用与剪切立方体相关联的已保存视图、打开/关闭剪切立方体、连接标注符号、显示图纸注释并将视图放置在绘图或图纸上。

标记符号表示"建筑视图"及其在主模型中的位置。标记符号表示以下几种类型的"建筑视图":

截面视图标记　　平面视图标记　　仰角视图标记　　细节视图标记

在用户的视图中找到"楼层平面图标记"。左键单击并将光标悬停在迷你工具栏上。

左侧的第一个图标 将应用与标记关联的已保存视图。

单击后,注意观察该视图如何旋转为顶视图以及如何将已保存视图应用到剪切立方体。

第二个图标 将会切换与已保存视图关联的剪切立方体。

左键单击:开启/关闭"剪切立方体"。开启"剪切立方体"后,可以对剪切平面的高度和剪切边界进行调整。

第三个图标 用于向视图添加合适的标注符号。

左键单击：将出现一个标注，用于指示楼层平面图位置；同时还会显示绘图标识符和图纸名称（在图纸上放置完绘图后，这些内容会自动填充）。

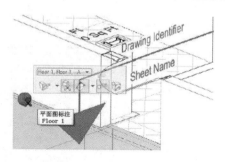

第四个图标　用于将绘图中的注释连接到视图中。

最后一个图标　用于在绘图或图纸上放置已保存的视图。

选择"打开目标"后将打开与标记相关联的绘图。

提示： 下拉菜单会指示使用绘图的所有位置（绘图、图纸等）。通过打开的文件夹可以直接导航到这些文件。

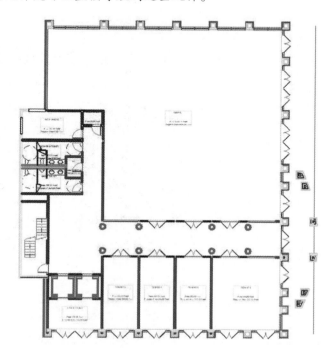

楼层平面图 (按楼层集)

"创建平面"的另一个选项是"创建楼层平面图 (按楼层集)"。该工具使用"楼层管理器"定义来创建多个楼层平面图。

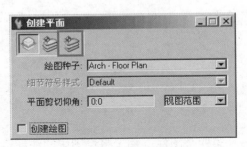

所有当前的楼层定义 (由"楼层管理器"所定义) 都显示在"楼层选择器"列表框中。在想要创建平面图的楼层旁边选中复选框并单击"下一步",同时注意选定的绘图种子文件。

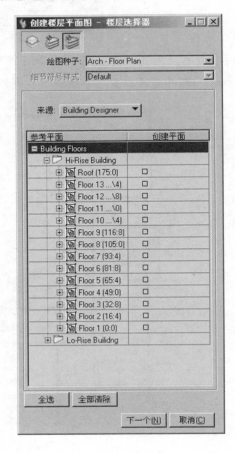

6.2　创建建筑剖面

　　"放置剖面符号"功能在 AECOsimBD 中进行了增强，可创建动态视图截面视图。用户可以将截面标注直接放置在绘图或图纸上，而无须选择任何参考。截面标注会搜索其首个相交的参考，并在所参考的模型中创建一个截面视图。

　　若在选择了"创建绘图"复选框的情况下创建剖面图，将会打开"创建绘图"对话框。在"创建绘图"对话框中选中"创建绘图模型"和"创建图纸模型"复选框后，将会创建一个剖面视图并将其置于绘图模型中，进而将绘图模型连接到图纸模型中。这样，剖面图将被放置在图纸上。

☞　**练习：创建建筑剖面**

- 在"图纸组织"任务中，选择"放置剖面符号"工具。

- 我们将绘制一个穿过东/西走廊的截面。通过定义截面标记（用于定义截面的位置）的左右边界以及前视图距离（用虚线表示）来完成此项操作。

- 将"Arch – Building Section"用作"绘图种子"，并将"高度"设置为"从模型"。同时应选中"创建绘图"。

- 通过单击来定义"剖面符号"的左边界。再次单击可以定义右边界。再次单击可以定义剖面的前移距离。

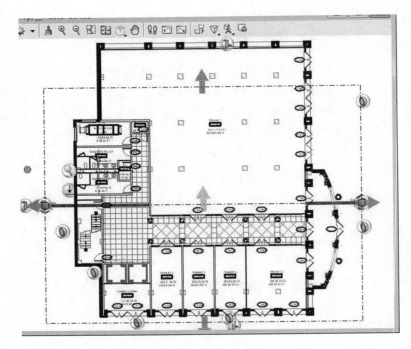

● 单击"确定"。

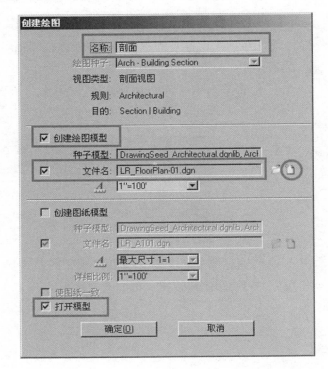

随即会打开刚刚创建的建筑截面。

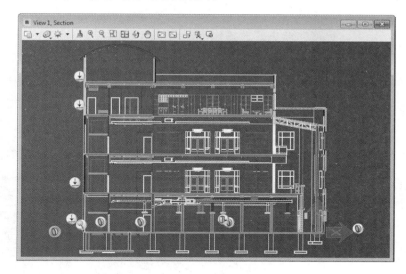

☞ **练习：调整剖面**

● 由于建筑剖面使用剪切立方体来定义剪切平面和边界，因此，用户可以通过调整"主模型"中的剖面标记来调整边界。可以通过迷你工具栏快速打开"主模型"。为此，可将光标悬停在突出显示的与绘图关联的"标记"上，并单击打开设计模型图标。

● "组图模型"随即打开。选择标记后将显示剪切边界。此时，可以对边界进行调整。

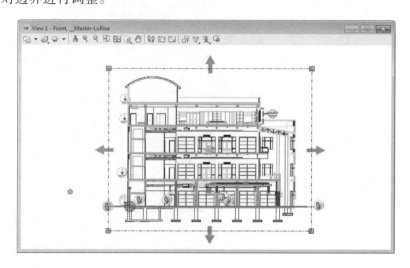

● 接下来，我们将为窗台/窗框创建一个来自该建筑截面的详图。首先，我们需要返回至"三维模型"状态。此操作可借助于迷你工具栏完成。

● 绘图打开后，从"组图任务"中选择"放置详图"工具 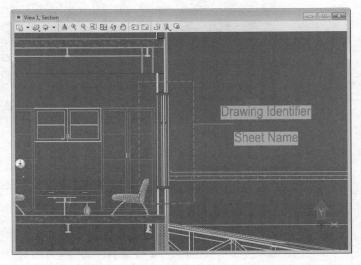。

● 选择 DetailViewSeed 作为绘图种子文件。

将标注气泡拖拽至第 4 层楼的窗户周围。再次单击以定位标注符号。右键单击以完成命令。

● 将此绘图命名为 Detail1 并确保已选中"创建绘图模型"。取消选中"创建图纸模型"。选中"打开模型"并单击"确定"。

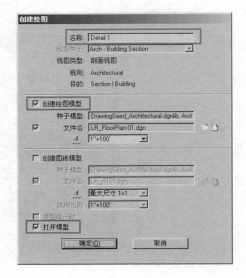

- 此时，可以使用"制图和注释任务"向此绘图添加尺寸、注释和其他细节。

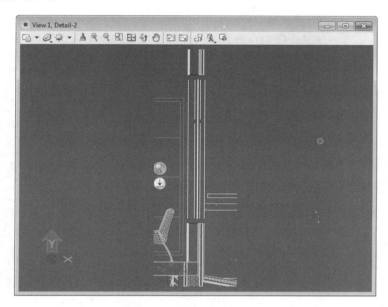

提示：建议项目团队最好将绘图生成为单独的 DGN 文件，以便多位设计者可以同时使用绘图而无须锁定主模块。

6.3　超模型技术

超模型技术（Hyper Model）直接在三维模型的空间内查看与之关联的丰富信息，这类似于互联网中的超链接的概念，这些链接的信息可以是：

- 绘图。
- 规范。
- 图像。
- 视频。
- 文档。
- 报告。
- Web 内容。

项目信息被丰富地链接到模型中，同时将图纸和细节整合到三维信息模型中。借助于超模型，项目团队可以在信息模型中查看到所有适用的项目信息，进而避免错误并清晰地了解所有设计内容。超级建模功能不仅解决了在单独使用二维绘图时可能存在的"信息不明确"问题，还解决了三维模型中普遍存在且固有的"不完整"问题。

同样，这些包含所需细节层的绘图、计划和报告既彼此独立存在，又独立于模型存在，并且仍然属于必须在不同位置进行检查的多个表示。

☞ **练习：检查超模型（Hyper Model）**

● 打开 _ Master – LoRiseScheme. dgn。

● 找到模型上显示的各种标记。用户可能需要将视图旋转至轴测视图。

● 标记符号表示"建筑视图"及其在主模型中的位置。标记符号表示以下几种类型的"建筑视图"：

截面视图标记　　平面视图标记　　仰角视图标记　　细节视图标记

● 将鼠标悬停在"剖面视图标记"上以显示迷你工具栏。从下拉菜单中选择"图纸"模型。单击"应用剖面"。

此时，用户将看到相应模型位置上的注释图形从图纸视图叠加到三维视图中。

● 用户可以向模型中的对象添加附加信息，以进一步说明详细信息。从"图纸组织"任务中选择"添加元素链接"。

链接可以指向文件、键入命令或 URL。如果用户还有很多的规范文件，这会非常有用。

提示：可以旋转该视图以查看截面在三维视图中的显示方式，进而获取截面在三维模型上下文中的更多相关信息。

此外，用户还可以直接导航至放置该"建筑切图"的绘图或图纸，方法是将光标悬停在绘图标题上，然后使用迷你工具栏。

将链接附加到构件对象上

- 可以向模型中的对象添加附加信息，如报表、图纸或者厂商的一些产品资料。

- 在建筑物上定位一个窗口。将光标悬停在窗口上方进行突出显示，然后单击鼠标右键。

- "激活"选项用于激活要添加链接的窗口所在的模型。

提示："激活"选项将显示对象所在的每个模型，包括参考模型。列表中的最后一个模型始终都是创建对象时所在的模型。

- 打开"组图"任务菜单，并找到"添加链接"工具。

- 链接可以指向文件、键入命令或 URL。选择"从文件"并使用放大镜来浏览计算机或网络驱动器。找到要创建链接的文件并单击"打开"。
- 从"树"中选择该链接并单击"确定"。

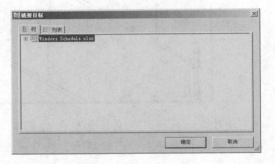

- 此时，可在模型中选择该窗口，并向该窗口中添加链接。
- 含有链接的对象会在光标悬停在其上时显示超级模型链接符号。可以通过右键菜单打开链接。

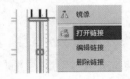

6.4　类别和样式

"动态视图"再符号化由两个因素来控制，即"构件样式"和"图纸规则"。样式是分类别进行管理的。

通过样式的概念可以对构件的三维模型、二维图纸所在的图层、颜色、材质、工程量等进行设置，在出图过程中，也承担了很多再符号化的功能。

　　"类别和样式"（Family/Part）包含在工作环境中，用于定义构件的图形表示；可将它们视为应用程序的 CAD 标准。这就是前面我们所说的，我们一般不直接利用图层，因为那样做太"原始"，样式是一个通用的概念，可以认为它集成了很多参数的设置，便于用户一起调用。

　　针对不同的国家和地区，会有不同的标准，这些标准很多涉及了构件的样式定义库，用户可以从 Bentley 的官方网站上下载，也可以通过管理指南来定义自己的样式库，从而形成自己的工程标准。

　　可从主菜单栏访问"对象样式"："建筑系列 > 对象样式"。

　　各个应用程序的视图显示如下。

　　提示：AECOsimBD Electrical 不使用样式来控制构件的表现，它有自己独立的体系，这也是为何我们启动 AECOsimBD 多个模块时，它不启动的原因。

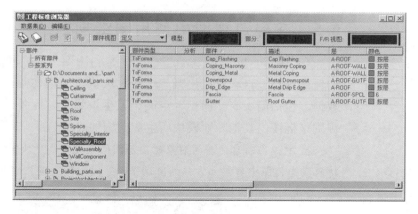

部件视图

　　选择样式后，在"部件视图"的各项选择中便会看到关于几何图形表示方式的所有信息。以下是不同的"部件视图"选择选项，在这里可以理解为将各个场合下构件的表达进行分类管理。

定义

　　"定义"选择用于控制元素在三维模型中的表示方式以及对于层、颜色、线宽和尺寸的定义。

图纸线符

　　"图纸线符"选择用于控制元素在被输出为二维图纸时如何表达。也就是说，元素的三维模型、二维图符都可以分开进行控制，在设置参数里，可以控制在二维图纸中线型的表达，以及同种材料类型是否合并等选项。

剖切图案

"剖切图案"控制构件被剖切时是否有填充，以及填充的图案及参数。

中心线线符

借助于"中心线线符"选择，不但可以使用标准线型在元素上显示中心线，还可以使用自定义线型来显示。例如，可创建自定义线型来表示木结构或防火墙。

渲染特性

"渲染特性"选择用于将部件定义为在放置时具有渲染特性。

有关"系列和部件"的详细介绍，请参见"AECOsimBD——高级用户自定义"课程。

6.5 在建筑视图中使用图纸规则

在 Architectural 建筑动态视图中，利用图纸规则可以在动态视图内的任意对象上自动放置注释。这些对象从截面中切割而来并附有数据组数据，包括门、窗、橱柜、空间、卫生设施等。此外，还可以使用这些规则来标注由其他专业模块所生成的构件。

提示： 当对象为房间对象时，房间的天花板高度决定了空间范围。如果建筑动态视图中剪切立方体的剪切平面穿过空间范围，则为空间添加注释。

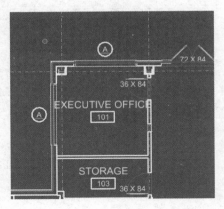

在此绘图中，使用 Architectural 图纸规则在窗、门和空间上放置注释。

"图纸规则"系统已集成到"动态视图"系统中，以便将各个动态视图与其特有的图纸规则一同存储。动态视图创建完成后，图纸规则即会显示在"视图属性"对话框的"建筑设计"中。

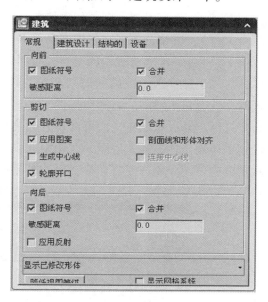

"建筑设计"选项卡中提供了几个实用设置，可对应用于建筑动态视图的 Architectural 图纸规则进行管理。此外，"建筑"选项卡中还提供了一个工具栏，其中包含如下几个重要工具。

工具 1：连接新规则。设计师可借助于该工具将预定义规则连接到建筑动态视图。该工具将打开"图纸规则（基本）"对话框。设计师可在该对话框中选择预定义的图纸规则并创建新的图纸规则定义。

工具 2：复制规则。将选定规则的副本添加到建筑动态视图中。该工具将打开"图纸规则（基本）"对话框。设计师可在该对话框中更改规则及其条件。

工具 3：编辑规则。打开"图纸规则（基本）"对话框，其中，选定的规则呈高亮显示状态。借助于该工具，设计师可更改规则定义，也可更改应用规则时需满足的规则条件。

工具 4：卸掉规则。从建筑动态视图中移除选定的规则。卸掉规则时并不会删除规则定义。

- 规则应用顺序工具。确定规则的应用顺序十分重要。一旦某对象满足条件且相应规则被处理后，其他规则便不会再对该对象进行评估。

工具5：顶层。将规则移至列表顶部。这是应用的第一个规则。

工具6：上移。将规则朝列表顶部上移一个位置。

工具7：下移。将规则朝列表底部下移一个位置。

工具8：底部。将规则移至列表底部。这是应用的最后一个规则。

应用于建筑动态视图的规则会在"建筑"选项卡规则列表中列出。同时，还会显示规则的名称和条件。在"激活"列中，每个规则对应一个复选框。通过这些复选框可以打开或关闭规则。实际上，只会将选中的规则应用于建筑动态视图。未选中的规则将不予应用，但可供设计师在需要时使用。这样便可充分利用动态视图的动态特性。

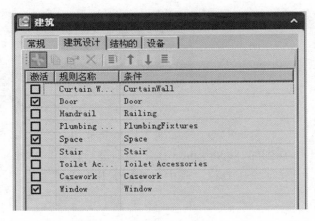

☞ **练习：打开/关闭图纸规则**

● 在"项目浏览器"中打开图纸 LR_ Floor02. dgn。

● 从"组图"任务中选择"设置参考表示"。

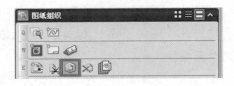

● 选择参考视图，并输入数据点以表示接受。然后，可以对建筑视图的显示方式进行修改。

● "参考表示"窗口将会打开。该窗口的外观与"视图属性"窗口类似；不同之处在于，它用于控制所保存的参考视图的属性。理解此概念是成功使用"建筑视图"的基本要求。

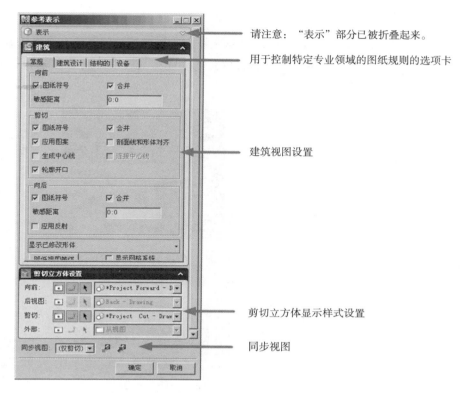

请注意："表示"部分已被折叠起来。

用于控制特定专业领域的图纸规则的选项卡

建筑视图设置

剪切立方体显示样式设置

同步视图

● 单击"建筑"选项卡以显示可用的图纸规则。关闭"门"标签规则。

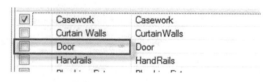

● 单击"确定"。注意：这些门标签已完全消失。

提示：创建"建筑视图"后，"图纸规则"设置会被存放在视图的定义中。

为模型中的对象添加标签时，应用自动图纸规则可以节省大量时间；但是，不一定会将"数据组注释"正好放置在准确的位置上。有时，注释可能会覆盖图纸中的其他对象，此时需要移动注释。

● 要移动注释单元，只需将其选中，然后即可使用移动工具进行移动。移动注释时，要注意维持它们与其链接到的对象之间的关系。这样一来，无论对象发生什么更新，都会对注释标签进行自动更新。

隐藏注释

用户也可以选择隐藏各个注释标签，使其不在图纸中显示。

- 要隐藏注释标签，需要先将其选中，然后右键单击并选择"隐藏注释"。

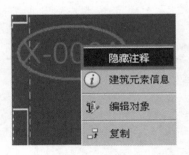

- 要使注释重新出现，请选择链接到注释的组件（门、墙等），然后单击鼠标右键并选择"显示注释"。

连接新规则

"连接新规则"是连接一个切图规则到当前的视图中。

"连接切图规则"对话框分为两个部分。上部用于处理"条件"，下部用于选择规则。为视图分配规则时，必须定义条件以过滤出相应的构件对象，然后再为其选择一个规则。选中"添加到视图"按钮后，可将规则和条件添加到"图纸规则"列表框的"建筑"选项卡中，也可将规则用于建筑动态视图中。

当前，有两类条件可在 Architectural 应用切图规则时使用。它们分别是"建筑元素（数据组）"和"条件集"。

● "建筑元素（数据组）"依赖规则中定义的建筑元素。例如，如果某规则基于门，则设置"建筑元素（数据组）"条件之后，会将该规则应用于所有门。

● "条件集"利用了"按属性选择"实用工具。可使用该选项根据数据组系统、数据组属性和建筑属性（包括系列和部件）生成条件。

选择"条件集"选项后，"条件名称"和"条件文件"设置选项将在"图纸规则"对话框中变为可用状态。如果设计师使用"按属性选择"创建了一个条件并予以保存，则可通过如下方式选择该条件：浏览至条件文件，然后从列表中选择该条件的名称。

提示：条件集是使用"按属性选择"工具创建的。条件集存储在文件扩展名为 .RSC 的资源文件中。

AECOsimBD 提供了一些通用建筑元素注释，它们被链接至"注释工具设置"实用工具中所做的分配。用户可以在"图纸规则"对话框的下部管理这些规则。

利用"新建""复制规则"和"编辑规则"工具可以打开"图纸规则"对话框。

下面汇总了各项设置。

● "规则名称"（必填）：设置在图中以及"建筑"面板的"建筑"选项卡中显示的规则名称。

- 描述(可选)：设置规则函数的简单描述。
- 规则类型：描述该规则被应用于何种类型的视图。
- 应用于：从数据组目录的建筑元素列表中选择将应用规则的建筑元素。
- "注释"选项卡：用于控制注释符号以及符号相对于建筑元素的放置位置。
  - 使用默认注释分配：启用后，可通过"注释工具设置"实用工具控制注释单元。关闭后，可从下方的"注释单元"下拉菜单中选择注释单元。
  - 注释单元：提供了一个可用于建筑元素的"注释工具设置"单元列表。这些单元通过"管理数据组注释单元"工具进行创建和修改。
  - 注释偏移：控制注释相对于建筑元素的位置。这些控件可提供注释单元相对于默认位置的左右偏移量。

☞ **练习：创建和应用新的门注释规则**

- 打开 LR_ Floor – 02. dgn。这是一个参考了楼层平面图建筑动态视图的绘图模型。
- 从"组图"任务列表中选择"参考表示"工具。

- 单击楼层平面图参考的任意位置，并单击鼠标左键以接受命令。"参考显示"对话框随即打开。
- 当前，此动态视图中的门采用椭圆和门编号加以标注。我们将更改注释规则，以使这些门上仅标注门编号。
- 在"参考表示"对话框的"建筑"部分，单击"建筑"选项卡。

● 单击"连接新规则"按钮（绿色加号）以打开"图纸规则"对话框。

● 在"图纸规则"对话框中，单击"添加新规则"以打开"图纸规则定义"对话框。

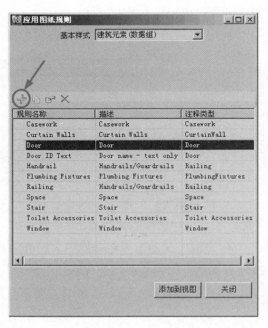

● 在"图纸规则定义"对话框中，按下图中的所示内容填充信息：

- 在"图纸规则"对话框中选择刚刚创建的切图规则，然后单击屏幕底部的"添加到视图"按钮。

- 单击"关闭"以关闭"图纸规则"对话框。

- 在"参考表示"对话框的"建筑"选项卡中，用户将看到规则列表中的"门标识椭圆"规则。要在处理其他门规则之前处理此规则，须按顺序将其上移。在列表中选择"门标识椭圆"规则并单击"首先移动"图标。

　　提示：由于针对每个数据组目录仅处理一条规则，因此，只有列表中的第一条门规则会生成注释。可根据需要取消选中之前的门规则。

　　当动态视图重新计算时，请单击对话框底部的"确定"并等待。现在，新的门标识文本已显示在各个门上。

6.6　属性注释单元

"标注工具设置"对话框不仅用于修改线符（颜色、线型、线宽）和更改注释符号图形所在的层，还用于设置构件可以被标注的属性。

6.6.1　选择默认的数据组注释单元

通过"建筑系列"菜单打开"标注设置"对话框。

打开后，可以通过单击"＋"图标，在该对话框的左侧列表中展开"数据组注释"部分，将打开一个包含当前数据组目录的列表。

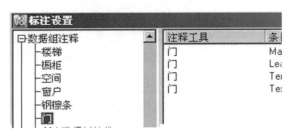

　　选择其中一个数据组目录后，默认注释单元的设置将显示在右侧面板中。通过这些设置可以控制数据组注释单元的外观，其中，这些单元是利用"数据组注释"工具或 Architecture 动态视图规则进行放置的。

　　设置面板上共有四行，每行对应一个数据组目录："主标注""引线""端符"和"文本"。

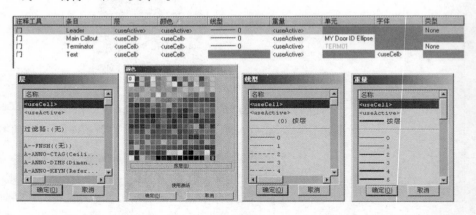

　　这些可供选择的单元通过"属性单元"工具进行创建并与数据组目录相关联。这些单元同时存储在一个单元库中。

提示：利用单元列表右上角的黑色小箭头可以打开/关闭单元的预览窗口。

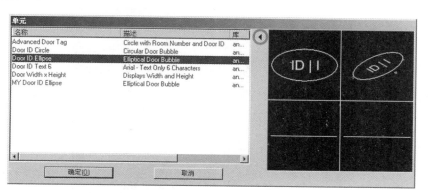

借助于"引线"和"端符"，可指定在使用"数据组注释"工具放置注释时可以放置的引线和端符。在建筑视图中，将不会使用 Architectural 规则放置引线。

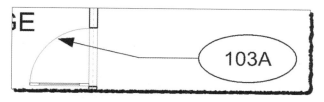

通过"文本"设置可以指定注释单元中所显示文本的线符和字体。

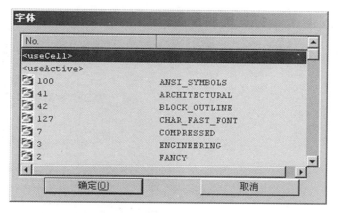

用户在"注释工具设置"工具中设定的设置将被存储在名为 annotationoverides. xml 的 XML 文件中。默认情况下，该文件存储在项目数据集中，以便参与项目的每个人都使用统一的注释设置。

6.6.2 属性注释单元

"属性符号"工具可通过"建筑系列"菜单进行访问。

选中该工具后,将打开包含数据组注释单元的单元库,同时还将打开"属性符号"对话框。

利用该对话框顶部工具栏中的图标可以创建新注释单元、复制现有注释单元、查看当前单元的模型属性、删除当前单元以及设置单元原点。

在该对话框的"单元属性"部分将列出当前库以及当前注释单元的名称和描述。要切换到其他注释单元，请使用"当前注释单元"中的下拉选项以选择其他单元。

该对话框的左下部分有一个下拉选项，其中列出了当前注释单元可关联至的可用数据组目录。每个单元只能与一个目录相关联。将链接到数据组信息的一段文本放置在单元中后，将无法更改注释单元类型。

该对话框的"数据组信息"部分列出了选定目录中可通过注释单元进行报告的可用数据类型。要在链接到数据组信息的单元中放置一段文本：

- 请选择想从列表中放置的信息类型。
- 请选择要放置的文本格式。

格式选项具体取决于选定的数据类型。这些选项包括：

- 整型：整数。
- 字符串：文本串。
- MU – SU：以主单位 – 子单位计量且不带标签的尺寸标注显示。
- MU 标注 SU 标注：带有主单位、主单位标签、子单位及子单位标签的尺寸标注显示，例如 3m16cm。
- MU 标签 – SU 标签：带有主单位、主单位标签、短划线及子单位标签的尺寸标注显示，例如 3m – 16cm。
- MU：仅以主单位显示的尺寸标注。
- SU：仅以子单位显示的尺寸标注。
- 双精度型：带有小数位的数值。
- DD MM SS：以度、分和秒计量的角度。
- DD. DDDD：以度计量的角度。
- 面积优选项：为显示面积而采用的基于用户优选项的面积尺寸标记。
- 自定义：可处理原始数据组数据的 VBA 项目、模块和程序。将数据组属性中的值作为键入命令参数送到宏中，通过宏进行处理后，再将其反馈至注释单元。"高级空间标签"是此类注释的一个示例。
- 请选择要在单元中采用的文本字符串长度。

提示：如果数据超出此长度，则在放置注释单元后，该单元会将此数据替换为一系列散列标签"#####"。如果数据为空，则文本将被替换为一系列下划线"_____"。

如果数据类型为带有小数位的数值，则从"精度"下拉选项中选择要显示的小数位数。

单击"放置文本"以在单元中放置占位符文本字符串。文本将通过"激活文本设置"进行格式化。用户可以在放置文本后修改其属性。

用户可以将完成注释单元所需的任何几何图形包括在内。对于任何其他单元，全局原点（ACS 三向标的位置）将成为注释单元的放置原点。由于注释单元是按绘图的注释比例进行缩放的，因此，用户应以打印时想要显示的尺寸来绘制注释单元。

7 AECOsimBD 结构模块：基本构件

模块概述

在本模块中，用户将在 AECOsimBD Structural 中进行建模，并将混凝土构件和钢构件放置到设计中。在设计过程中，用户将用到各种 Structural 构件放置工具。

模块先决条件

- 参加过 AECOsimBD Prerequisites 课程——BIM 基础与流程，或者具有 Bentley Building 软件的使用经验。

模块目标

完成对本模块的学习后，用户将能够：

- 放置钢柱与混凝土柱。
- 放置钢梁与混凝土梁。
- 修改柱和梁。
- 通过"数据组浏览器"管理 Structural 数据。

7.1 文件组织

☞ **练习：新建文件**

- 在"打开的文件"对话框中，按如下所示设置"工作空间"：
  - 用户：Building Designer。
  - 项目：Building Book Sample。
  - 界面：default。

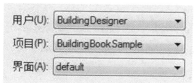

- 使用默认种子文件 DesignSeed. dgn 来创建新设计文件 Structural. dgn。

7.2 轴网

"轴网"工具用于创建、修改柱网。设计师在"柱网"对话框中可以设置、修改轴网的相关参数。

需要注意的是，即使用户启动了建筑模块，仍然可以在任务栏里找到"结构建模"的功能。

从"结构设计 > 轴网"中选择"轴网"工具。

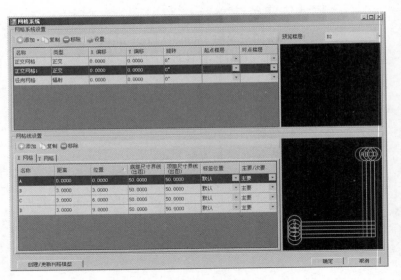

在 AECOsimBD 中，轴网工具被重新改写，它的原理是为每个楼层生成特定的轴网信息，所以，用户必须按照以下步骤来生成轴网：

- 必须建立楼层信息，即前面讲到的楼层管理器。
- 建立直线或者弧线轴网，并设定每个轴网所在的楼层。
- 点击生成即可。

系统是在当前文件里，为每个楼层生成一个独立的轴网，并按照"楼层管理器"的设置，将它放置在正确的楼层标高上。因此，如果用户没有看到轴网，请点击本 DGN 文件的模型组成列表，用户可以看到每个层的轴网。

当用户更改了轴网信息时，可以点击左下角的按钮，即可更新。

7.3   Structural 优选项

7.3.1   Building Structural 类别

选择"工作空间 > 优选项"，然后在"优选项"对话中选择 Building Structural 类别。

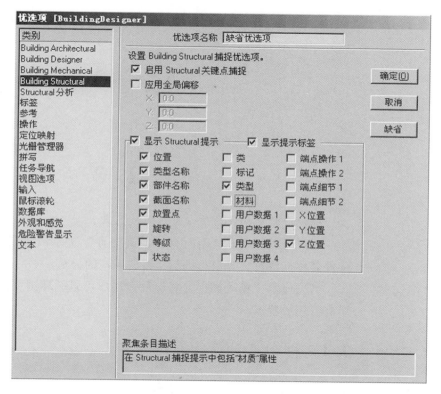

这些优选项可控制是否开启 Structural 捕捉、是否应用全局偏移以及将显示什么提示信息。

7.3.2   Structural 捕捉

除了常规的构件特征点可以被捕捉到外，对于结构对象，还有一类专门的点可以被捕捉，这个点是分析对象所在的节点，在这里，用户可以控制这个点是否可以被捕捉到。当我们放置一个结构对象在逻辑上是连接时，需要用这种点的捕捉方式。

放置点

根据结构构件的放置点放置结构构件。放置点为构件上光标所连接到的位置。它可以控制结构构件的放置点。

该点也表示结构构件绕着旋转的构件轴的端点。

它以各个"放置点"菜单按钮上的红点表示。

> **提示**：结构构件的质心可用作放置点。

用户可以启用或禁用所有"精确捕捉"提示或特定类型（如位置、部件名称、旋转、等级、状态、类别等）的显示。

高亮显示"精确捕捉"目标后，用户可以循环浏览该特殊构件上的所有可用放置点。

7.4　柱

7.4.1　钢柱

可通过以下选择来放置"钢柱"。

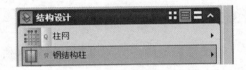

钢构件工具中包含多种用于设置结构属性（如"截面大小""旋转角度"和"放置点"）的设置。

截面

"目录选择"区域包含用于选择和编辑 Structural 组件目录的数据组工具和信息。所有 Structural 构件放置工具均如此。

选择"预览"窗口可显示目录选择，包括其放置点和截面方向。

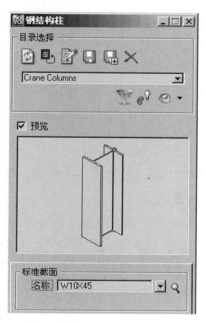

- 从"目录实例"中选择柱类型。

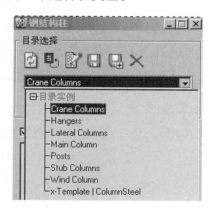

- 在"标准截面 > 名称"中，选择"浏览"。

● 选择"文件 > 打开"。

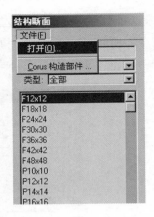

● 选择"截面"。

提示：键入"截面"名称时，系统会创建一个列表以供选择。

放置点

"放置点"用于控制结构构件的放置点。放置钢构件时，构件上光标所连接的位置由放置点确定。此点也代表了结构构件的旋转轴的端点，并将基于该轴对结构构件进行分析。

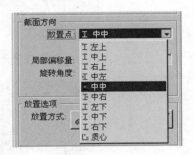

放置选项

可使用五个"放置选项"来放置结构构件：

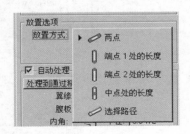

- 两点：通过输入两个数据点进行放置。
- 端点 1 处的长度：根据钢的基点和固定长度放置钢。
- 端点 2 处的长度：根据钢的顶点和固定长度放置钢。
- 中点处的长度：根据钢的中点和固定长度放置钢。
- 选择路径：沿基本元素的路径进行放置。构件的方向由放置基本元素后"精确绘图"罗盘的位置确定。创建曲线构件或波浪形构件时，通常会使用此方法。

7.4.2 混凝土柱

此选项用于放置矩形或圆形"混凝土柱"。

提示：除了回切处理部分，"放置混凝土柱"的其他设置与"放置钢柱"的类似。

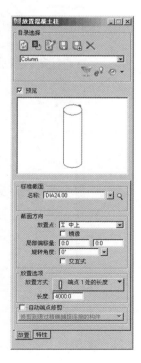

7.5 梁

7.5.1 钢梁

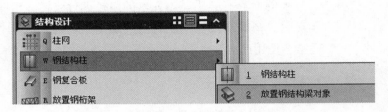

钢构件工具中包含多种用于设置结构属性（如"截面大小""旋转角度"和"放置点"）的设置。

截面

"目录选择"区域包含用于选择和编辑 Structural 组件目录的数据组工具和信息。所有 Structural 构件放置工具均如此。

选择"预览"窗口可显示目录选择，包括其放置点和截面方向。

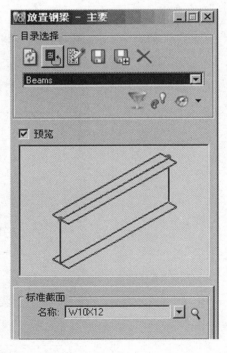

● 从"目录实例"中选择梁的类型。

- 在"标准截面 > 名称"中，单击"浏览"。

- 选择"文件 > 打开"。

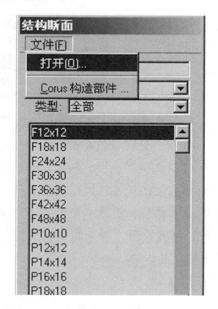

- 选择"截面"。

提示：键入"截面"名称时，系统会创建一个列表以供选择。

有关创建和管理自定义"项目截面尺寸"的信息，请参阅 AECO-simBD——高级用户自定义。

放置点

"放置点"用于控制结构构件的放置点。放置钢构件时，构件上光标所连接的位置由放置点确定。该点也代表了结构构件的旋转轴的端点，并将基于该轴对结构构件进行分析。

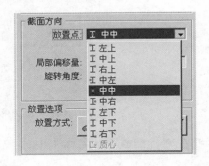

放置选项

可使用五个"放置选项"来放置结构构件。

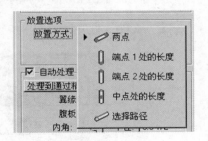

- 两点：通过输入两个数据点进行放置。
- 端点 1 处的长度：根据钢的基点和固定长度放置钢。
- 端点 2 处的长度：根据钢的顶点和固定长度放置钢。
- 中点处的长度：根据钢的中点和固定长度放置钢。
- 选择路径：沿基本元素的路径进行放置。构件的方向由放置基本元素后"精确绘图"罗盘的位置确定。创建曲线构件或波浪形构件时，通常会使用此方法。

回切选项

构件放置工具的端点处理选项分为以下两类：第一类对通常用于放置钢截面的工具可用；第二类用于放置混凝土和木材截面。

选中"自动处理"后，如果将钢构件放置为与其他钢构件相连，则会进行自动处理。

- 处理到通过精确捕捉连接的构件：使用处理设置全景显示选定连接构件周围的构件。具体设置如下：
  - 翼缘净间距：在放置的构件腹板与连接的构件翼缘（对于 I 梁）之间保持一定的距离。在可用的文本字段中键入间隙值。

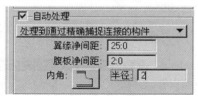

  - 腹板净间距：在放置的构件腹板与连接的构件腹板之间保持一定的距离。在可用的文本字段中键入间隙值。
  - 内角：在处理的内角上创建间隙角。图标下拉列表中列举了可用的类型，包括方形、弧形或圆形凹槽。
  - 半径：设置圆形内角处理的尺寸。
- 处理到任何碰撞构件：使用处理设置全景显示构件端点附近所有构件周围的构件。该方法的选项与"处理到通过精确捕捉连接的构件"方法的选项相同。
- 处理垂直于构件线：将连接构件上的端面处理成与构件中心线垂直。

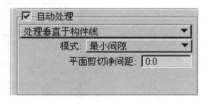

具体设置如下：
- 绝对间隙：从连接构件的中心线往回修剪构件，修剪量为"平面剪切净间距"文本字段中键入的距离。
- 最小间隙：如果距离大于键入值，则从连接构件的中心线往回修剪构件。

☞ **练习：放置钢梁**
- 选择"放置钢梁"并通过以下方式进行放置：
  - 两点。
  - 长度。

- 绘制一个表示弯钢的弧。
  - 使用选择路径。
- 尝试各种处理模式。

7.5.2 混凝土梁

此选项可用于放置矩形或圆形"混凝土梁"。

提示：除了回切部分，"放置混凝土梁"的其他设置与"放置钢梁"的相同。

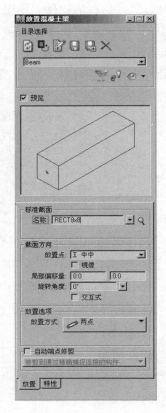

7.6　修改柱和梁

7.6.1　修改构件端点

使用"修改构件端点"，用户可以：

● 更改结构构件端点的物理位置。

● 可通过延长现有构件或通过添加新构件（相同的"构件样式"）并与现有构件连接来增加构件的长度。

● 缩短构件的长度。

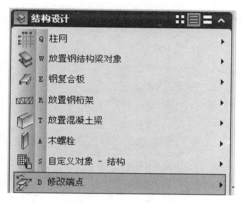

具体设置如下：

● 修改类型：

　● 将端点修改为点：将结构构件的长度修改为数据点所标识的长度。

　● 将端点延长至点：将结构构件的长度延长到数据点所标识的长度，并启用"距离"和"添加构件"控件。

● 距离：选中后，可指定所选构件端点的修改量。仅当将"修改类型"设为"将端点延长至点"时才可使用该功能。

● 添加构件：不对选定构件进行延长，只是通过放置其他相同类型的构件对其进行修正。仅当将"修改类型"设为"将端点延长至点"时才可使用该功能。

提示：添加的柱会继承选定柱的所有属性。

7.6.2 连接构件

"连接构件"用于将共线的结构构件连接在一起。应用"连接构件"工具后，两个构件会合并在一起。构件必须为共线共面的。端点必须重合。

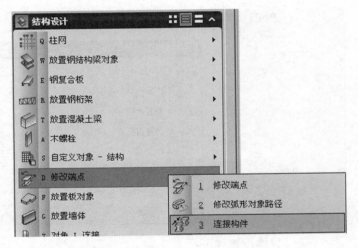

- 单击"连接构件"工具。
- 选择要与数据点连接的第一个 Structural 构件。再次选择数据点以接受构件，然后继续选择其他构件。严格遵循提示信息，确保工具按照预期操作。
- 选择要连接的第二个构件。再次选择数据点以接受第二个构件。
- 最小构件数处于选中状态。重置以示完成。

7.6.3 更改截面

截面可使用"基本工具"菜单中的"修改属性"进行编辑。

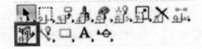

- 标识要修改的柱或梁。

- 选择新截面并输入数据点以接受修改。

提示：使用"选择元素"更改多个柱和梁。

☞ **练习：更改柱和梁的截面**

- 选择"修改属性"并标识要修改的柱或梁。
- 更改"截面类型"并输入数据点以表示接受。
- 选择一组并对柱集或梁集进行修改。

8 AECOsimBD 结构模块：墙、楼板和地基

模块概述

在本模块中，用户将继续在 AECOsimBD 中进行建模并将墙、楼板和地基放置到设计中。在设计过程中，用户将会用到各种 Structural 构件放置工具。

模块先决条件

- 学习 AECOsimBD Structural 基本放置工具。

模块目标

完成对本模块的学习后，用户将能够：

- 放置和修改墙。
- 放置和修改楼板。
- 放置和修改混凝土桩和钢桩。
- 放置和修改混凝土墩。
- 放置和修改条形底脚。

8.1 文件组织

☞ 练习：新建文件

- 在 Windows "打开的文件" 对话框中，按如下所示设置 "工作空间"：

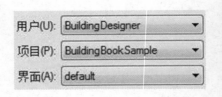

- 用户：Building Designer。
- 项目：Building Book Sample。
- 界面：default。

- 如有需要，使用默认种子文件 DesignSeed. dgn 来创建新设计文件 Structural. dgn。

8.2   墙

8.2.1   放置墙

结构模块中放置墙的工具与建筑模块相同，在此不再重复说明。

8.2.2   条形底脚

要将连续底脚或条形底脚放置到基墙下面，可使用一系列新复合墙，这相当于一种特殊类型的复合墙体。

- 选择"放置墙"并将"目录类型"设置为"墙 > 复合墙"。

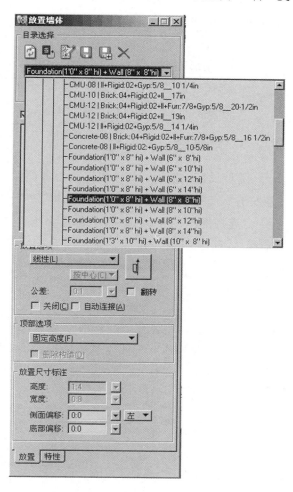

· "Foundation + Wall" 类型列表已预先设置以供选择。

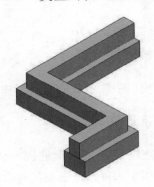

提示：有关创建自定义条形底脚的详细信息，请参阅 Structural 301——高级用户自定义。

☞ **练习：条形底脚**

· 选择"放置墙"并选择"Foundation + Wall"复合墙类型。
· 在建筑示意图周围放置条形底脚。

8.2.3 墙清除

随着设计的发展，如今可以放置多面墙，因此清除墙的交叉点也就越发重要；可以通过使用"连接形体"进行清除。

"连接形体"可以通过"结构设计 > 连接形体 > （选项）"进行选择。

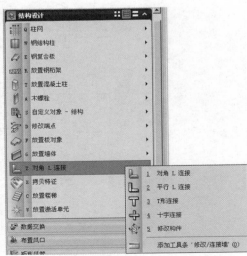

图标从上至下依次为：

- 平行 L 连接：即按 L 形（平行线）连接形体，离数据点最近的形体端点延长或缩短至与第二个形体的交点处。
- T 形连接：即按 T 形连接形体，标识的第一面墙将延长至第二面墙处。
- 十字连接：即按交叉节点连接形体，标识的第一面墙将延长至第二面墙处。

☞ **练习：连接形体**

- 选择"连接形体"并按照以下方式连接现有墙：
  - L 形（平分线）。
  - L 形（平行线）。
  - T 形。
  - 交叉节点。

8.2.4 修改墙

从"修改形体"中访问用于修改墙的"高度""底部""宽度"和"长度"的命令。

选择"结构设计 > 连接形体 > 修改形体"。

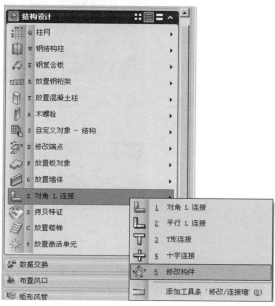

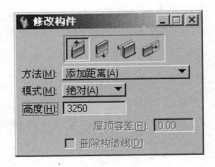

上图中命令图标从左至右依次为：

- 修改墙的高度。
- 修改墙的底部。
- 修改墙的宽度。
- 延伸直线墙。

这些命令均具有更多选项，但我们会使用方法中的"添加距离"。

可用模式包括：

- 绝对：相对于墙的基线更改墙的高度/宽度。
- 相对：向墙的高度/宽度添加指定的距离。
- 按点：添加由数据点指定的距离。

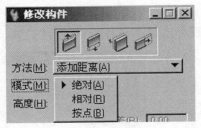

提示：修改"宽度"时，"隐含关系"用于维护与其他墙的连接关系。

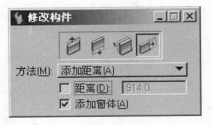

提示：拉伸时，使用"添加形体"选项同时执行拉伸墙和新建墙的操作。

☞ **练习：修改墙**

- 选择"修改形体"并标识设计文件中的现有墙。
- 修改高度时使用的方法有"绝对""相对"和"按点"。
- 修改"底部"。
- 在打开或关闭"隐含关系"的情况下修改"宽度"。
- 在打开或关闭选项"添加形体"的情况下使用"延伸"。

打断墙

"打断墙"用于将现有墙打断为独立的墙段。

可经由"结构设计 > 放置墙 > 打断墙"进行访问。

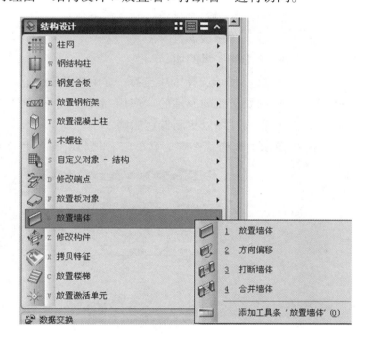

☞ **练习：打断墙**

- 使用"打断墙"来部分删除设计中的现有墙。

粘墙

"粘墙"用于连接两个或多个现有直线墙以创建单一墙。会在延伸自选定的第一面墙的线上创建新墙。

可经由"结构设计 > 放置墙 > 粘墙"进行访问。

提示：第一面墙的属性会传播到所标识的第二面墙。

☞ **练习：粘墙**

● 使用"粘墙"重接先前打断的墙。

更改墙的类型

可使用位于"主建筑"菜单中的通用"修改属性"工具修改墙的类型。

要修改单一墙

● 选择"修改属性"。
● 单击要编辑的墙。
● 从"目录选择"中选择一个新的墙类型。
● 在要更改的属性的"应用/编辑"字段中放置一个选中标记。
● 单击视图以更新选定的墙。

提示：选择"全部选取"可将墙的所有值更新至所选的新墙类型。

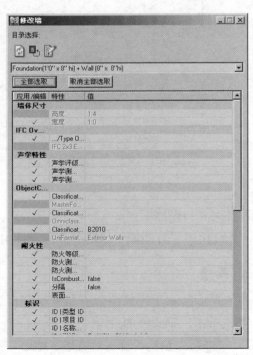

要修改多面墙

- 为要修改的墙创建一个选择集。
- 选择"修改属性"。
- 将"选择建筑组件"设置为"目录类型"wall，"目录名称"全部。

- 从"目录选择"中选择一个新的墙类型。
- 在要更改的属性的"应用/编辑"字段中放置一个选中标记。
- 单击视图以更新选定的墙。

☞ **练习：更改墙的类型**

- 使用"修改属性"更改各种墙的值。
- 使用"选择"工具更改多面墙。

8.2.5　在位编辑编辑视口

还有一种有助于使用墙的尺寸标注来检查和移动墙的工具。该工具被称为"在位编辑编辑视口"或"HUD"。使用"选择元素"工具激活HUD 显示。选择墙后会显示控制其位置的尺寸标注。通过"工作空间 > 优选项 > 在位编辑编辑视口"激活"危险警告尺寸标注"。

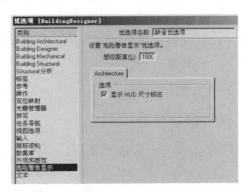

可视反馈的形式有线性尺寸标注和对齐，旨在通知设计者建筑组件之间的关系。"在位编辑编辑视口"专门提供如下五种信息类型的可视

反馈：

- 尺寸标注显示：用于显示可通过编辑以重新定位选定对象的尺寸标注字符串。
- 对齐指示符：光标与元素之间的短虚线，用以提供光标与元素的对齐情况的可视反馈。
- 角度指示符：用于显示某线性元素（如墙或梁）在当前轴上相对于零度的角度。
- 图示符：一个小图形图像，用以指示可选的行为和/或可进行的修改（如镜像、更改开启边、更改开启方向等）。

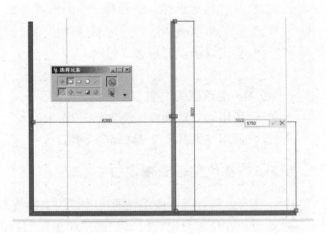

单击任意尺寸标注以显示允许编辑尺寸标注的工具框。

☞ 练习：在位编辑编辑视口

- 选择现有墙并使用"在位编辑编辑视口"尺寸标注进行编辑：
  - 长度。
  - 墙体间关系。

8.2.6 隐含关系锁

墙放置完毕且具有一个统一的顶点时，该关系由"隐含关系锁"维持。可从"图标锁"对话框中访问"隐含关系锁"。在顶部菜单栏中，选择"工具 > 建筑系列工具条 > 图标锁"。

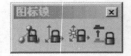

"图标锁"对话框中有四个基本锁设置。我们来了解第一个和最后一个锁。

- 图形组。
- 隐含关系。

提示：检查该对话框并检查锁图标是否"已锁定"或显示为红色，以指示该锁处于激活状态。

☞ **练习：隐含关系锁**

- 开启"隐含关系"锁并移动单层墙。
- 关闭"隐含关系"锁并移动同样的墙。

8.2.7　图形组锁

"图形组锁"是一个可打开或关闭的永久元素分组。此选项在操作"复合墙"时尤为有用。例如，禁用"图形组锁"后，可单独将墙面从墙的剩余部分中移走来创建墙空腔。

☞ **练习：图形组锁**

- 打开"图形组锁"并移动复合墙。
- 关闭"图形组锁"并移动一段复合墙。

8.3　楼板

8.3.1　放置楼板

"放置楼板"工具可经由"结构设计 > 放置板对象"进行访问。

可用的楼板类型包括：

- Default Slab。
- Composite Slab。
- Concrete Slab。
- Elevated Slab。
- Slab on Grade。

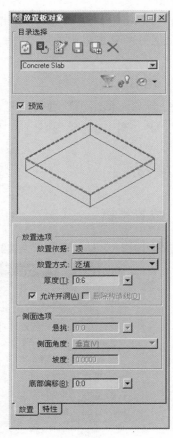

可从"顶部"或"底部"放置楼板，且可按以下方法放置楼板：

- 边界：通过输入数据点定义外部周长来创建楼板。
- 泛填：通过输入数据点泛填定义区域来创建楼板。
- 多边形：通过选择多边形来创建楼板。楼板从多边形中挤压出来。
- 结构构件：通过选择能够确定楼板形状的支撑结构构件来创建楼板。

"厚度""悬挑尺寸""侧面角度"及"坡度"的值均可在放置楼板之前进行定义。

☞ **练习：放置楼板**

- 使用"放置楼板"创建一个应用"边界"选项的楼板形状。
- 绘制多个闭合墙壁并使用"通过泛填"选项放置一个楼板。
- 绘制一个块，然后使用"多边形"选项创建一个楼板。

8.3.2 修改楼板

可使用位于"主建筑"菜单中的"修改属性"工具修改楼板。

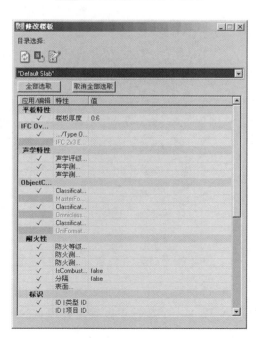

要修改楼板

- 选择"修改属性"。
- 单击要编辑的楼板。
- 在要更改的属性的"应用/编辑"字段中放置一个选中标记。
- 单击视图以更新选定的楼板。

提示：如果选择一个新的楼板类型，可使用"全部选取"将楼板的所有值更新至所选的新楼板类型。

☞ 练习：修改楼板

- 使用"修改属性"更改现有楼板的各种属性。

插入/删除顶点

可以使用"插入顶点"或"删除顶点"修改楼板形状。

可从位于"主建筑"菜单中的"修改属性"菜单中选择"插入顶点"和"删除顶点"。

- 选择要在其上添加或删除顶点的段。
- 输入一个数据点以确定新顶点的位置。

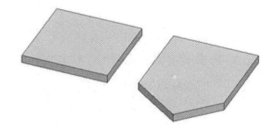

☞ **练习：插入/删除顶点**

- 选择"插入顶点"并修改先前放置的楼板的形状。
- 选择"删除顶点"并编辑楼板，使其恢复至原始形状。

创建孔洞

使用"创建孔洞"在楼板中创建孔洞。

可经由"结构设计 > 拷贝特征 > 创建孔洞"访问该工具。

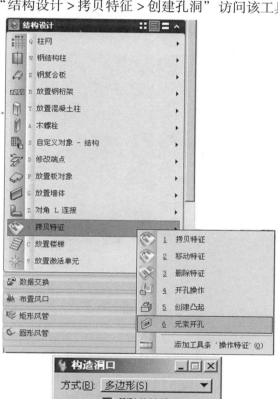

- 绘制要应用于孔洞的形状。
- 选择"创建孔洞"。
- 标识要应用于孔洞的形状。

- 重置。
- 标识楼板。

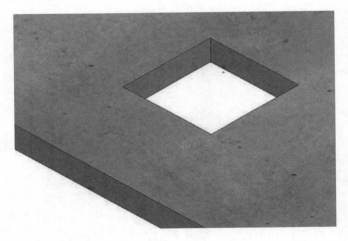

☞ **练习：创建楼板孔洞**

- 绘制一个块来表示楼板中的孔洞。
- 使用"创建孔洞"来应用该孔洞。

按曲线剪切实体

使用"按曲线剪切实体"在楼板中创建凹陷。

可经由"结构设计 > 拷贝特征 > 按曲线剪切实体"访问该工具。

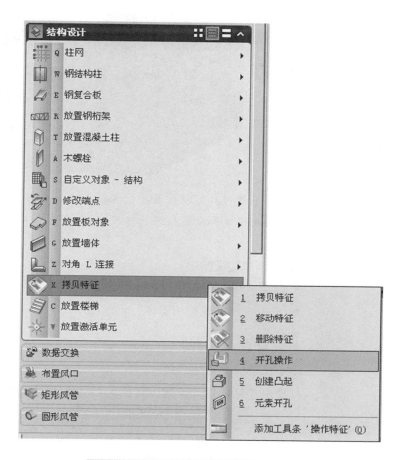

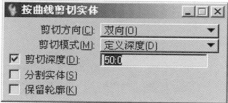

要在楼板中创建凹陷

- 绘制要应用于凹陷的形状。
- 选择"按曲线剪切实体"。
- 将"剪切模式"选为"定义深度"。
- 输入"剪切深度"值。
- 标识楼板并接受。
- 标识要应用于凹陷的形状并接受。

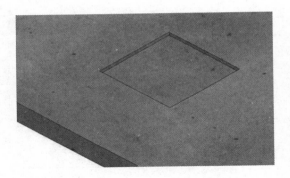

提示：尽管用户可以放置波纹金属板，但最好（不是必须）对实体楼板的混凝土深度和金属板进行建模。

☞ 练习：创建楼板凹陷
- 绘制一个块来表示楼板中的凹陷。
- 使用"按曲线剪切实体"创建凹陷。

创建凸台

用于在楼板上创建凸台。

可经由"结构设计 > 拷贝特征 > 创建凸起"访问该工具。

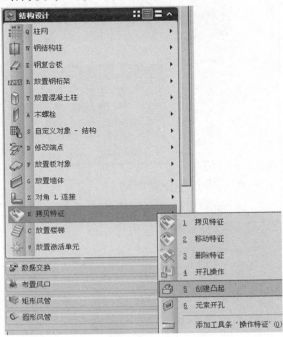

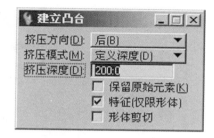

要在楼板中创建凸台

- 绘制要应用于凸台的形状。
- 选择"创建凸台"。
- 将"挤压模式"选为"定义深度"。
- 输入"挤压深度"值。
- 标识楼板并接受。
- 标识要应用于凸台的形状并接受。

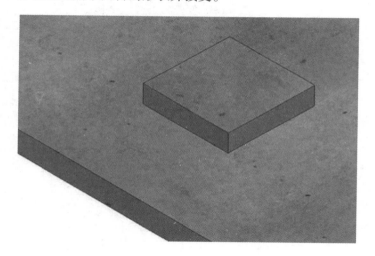

☞ **练习：在楼板上创建凸台**

- 绘制一个块来表示楼板上的凸台。
- 使用"创建凸台"来应用该凸台。

孔洞

"孔洞"根据附加的用户可定义数据来创建圆形或矩形空洞。该数据可用于计划和报告中。

"孔洞"工具位于"结构设计 > 放置板对象 > 放置洞对象"中。

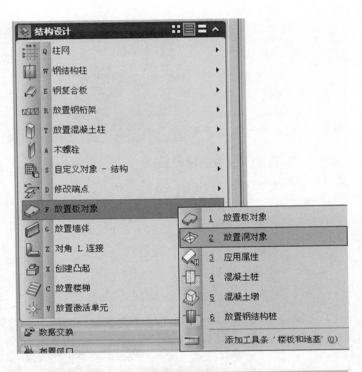

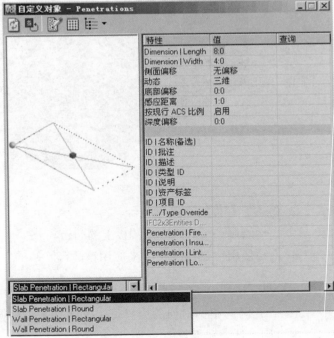

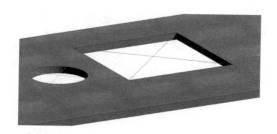

"孔洞"会自动在空洞中放置一个竖井符号。

提示："选择元素"图柄可用于调整孔洞的大小。

☞ **练习：孔洞**

- 在现有楼板中放置"孔洞"。
- 使用"选择元素"图柄修改大小。

8.4　特征

对形体或实体所做的一组形状细化称之为"特征"。例如，可使用"创建空洞""按曲线剪切实体"和"创建凸台"来创建特征，然后复制、移动或删除这些特征。

可从"结构设计 > 复制/移动/删除特征"中选择"操作特征"。

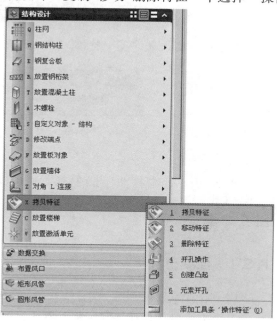

要复制/移动/删除特征

- 选择"复制/移动/删除特征"工具。
- 选择包含该特征的形体或实体。
- 选择要对其进行操作的原始元素。
- 该元素会动态地连接至光标。

- 将选定的特征复制/移动/删除到所需位置，然后输入数据点以表示接受。

提示：通过设置"复制特征"中的"重复"可进行多次复制。

☞ 练习：特征

- 使用"复制/移动/删除特征"对楼板进行细化。

8.5 地基

8.5.1 混凝土桩

用于放置"混凝土桩"。

可经由"结构设计 > 放置板对象 > 放置混凝土桩"访问此工具。

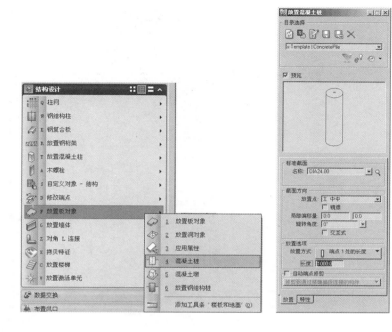

☞ **练习：放置混凝土桩**

● 使用"放置混凝土桩"在方案设计中创建桩。

8.5.2 混凝土墩

用于放置"混凝土墩"。

可经由"结构设计 > 放置楼板 > 放置混凝土墩"访问该工具。

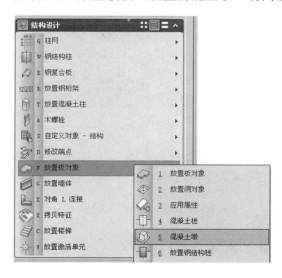

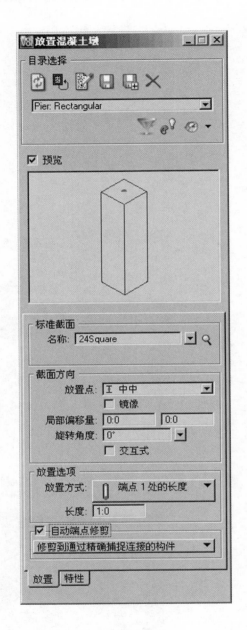

☞ **练习：放置混凝土墩**

- 使用"放置混凝土墩"在方案设计中创建墩。

8.5.3 钢桩

用于放置结构"钢桩"。

可经由"结构设计 > 放置板对象 > 放置钢结构桩"访问该工具。

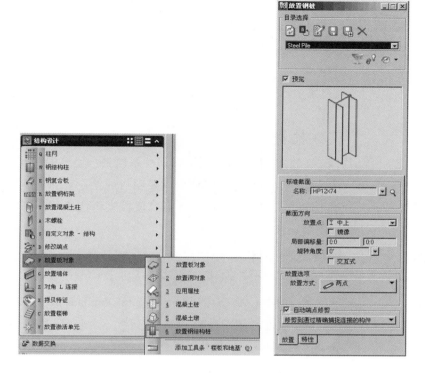

☞ **练习：放置钢桩**

- 使用"放置钢桩"在方案设计中创建桩。

提示：有关创建和管理自定义"项目截面尺寸"的信息，请参阅 AECOsimBD——高级用户自定义。

☞ **练习：使用本模块之前介绍的工具创建建筑设计示意图**

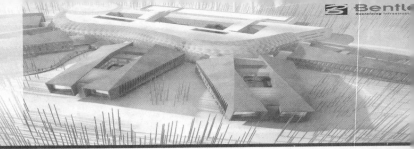

9 AECOsimBD 结构模块：图纸输出

模块概述

在将 BIM 项目数据组织到一系列表示建筑中不同区域和系统的独立设计模型后，便可以随时生成该项目的绘图。首先需要将所有的 3D 数据一同导入到一个通用模型中。该模型将成为引用三维设计模型的空三维模型，被称为主模型。

模块先决条件

- 全面了解 3D 模型的使用方法。
- 参加过 AECOsimBD Structural Fundamental 课程，或具有 Bentley Building 软件的使用经验。

模块目标

完成对本课程的学习后，用户将能够：

- 组合三维模型：创建"主模型"组图。
- 创建视图（二维）：在项目中创建截面视图、细节视图或平面视图。
- 组图：创建可供发布的完工图纸。
- 使用图纸规则：创建规则并管理"注释"功能。

9.1 创建楼层平面图

"创建楼层平面图"工具用于创建动态视图楼层平面图。

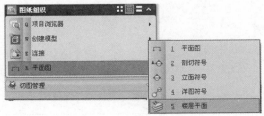

　　"创建楼层平面图"工具会从 AECOsimBD 楼层管理器、IFC i－model 以及已命名的 ACS 定义和形状中读取楼层定义。

　　楼层平面图是基于用户定义的设置和"楼层管理器"中的楼层定义而创建的。设计师可以使用单个楼层定义或楼层定义集来创建楼层平面图，也可以使用在模型内定义区域的多边形来创建。

　　楼层平面图的属性包括建筑和楼层定义、楼层和层数据、楼层标高和楼层间距。

　　"创建平面图"工具设置窗口会自动调整以适应楼层平面图的创建方法。

创建楼层平面图的方法包括：

- 用户定义的楼层平面图。
- 楼层平面图（按楼层）（由"楼层管理器"中的设置定义）。
- 楼层平面图（按楼层集）（由"楼层管理器"中的设置定义）。

　　工具设置窗口还提供用于设置"视图范围"和操作"剪切立方体"的控件。

☞ **练习：创建楼层平面图**

- 创建新文件：S_ LoRise. dgn。
- 连接参考文件 _ S_ Master－LoRiseScheme. dgn。（实时嵌套）从"组图"任务中选择"创建楼层平面视图"。
- 使用"层关闭"关闭楼板。
- 在"创建平面图"菜单中进行如下图所示的设置。

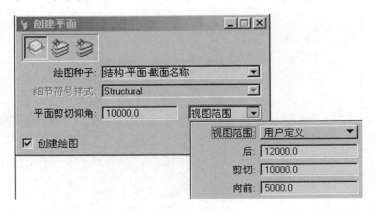

提示： 每个 AECOsimBD 应用程序均有其各自特定专业领域的绘图种子。可用的绘图种子由加载的专业领域决定。

通过"视图范围"可设置剪切平面、前视图范围和后视图范围三者的高度。当该值设置为 12000 时，将会在第一层上方 12000mm 处进行剪切。

通过"模型范围"可以捕捉整个模型并在"楼层"层上设置剪切平面。在实践中，该项应始终设置为"绘图模板"，这样才能读取"楼层管理器"设置并在距楼层一定距离处进行剪切。

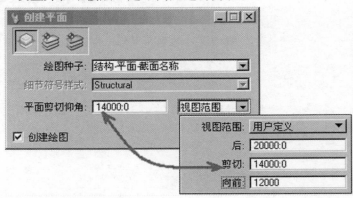

● 确保"创建绘图"处于选中状态。单击视图后，"创建绘图"对
话框随即打开。设置如下图所示内容以匹配图像。

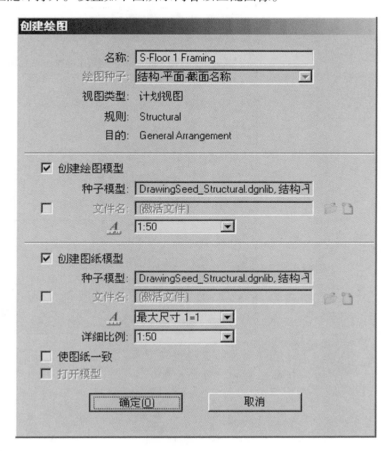

提示：如果选中了"创建绘图模型"和"创建图纸模型"，则
Building Designer 将创建一个绘图并使用定义的"种子模型"自动将该
绘图放置在图纸上。通过"文件名"旁边的复选框可以将绘图或图纸创
建为单独的文件，而不是将它们嵌入到激活文件中。

请确认"视图属性"中的"标记"已启用：打开"视图属性"
对话框并启用"标记"。"标记"是 Building Designer 的新功能。借
助于该功能，用户可以应用与剪切立方体相关联的已保存视图、打
开/关闭剪切立方体、连接标注符号、显示图纸注释并将视图放置在
绘图或图纸上。

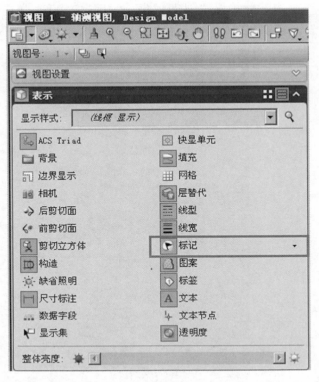

标记符号表示"建筑视图"及其在主模型中的位置。标记符号表示以下几种类型的"建筑视图":

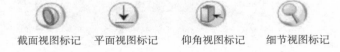

截面视图标记　平面视图标记　仰角视图标记　细节视图标记

在视图中找到"楼层平面图标记"并将光标置于其上。

左侧的第一个图标 将应用于与标记关联的已保存视图。

单击:注意观察该视图如何旋转为顶视图以及如何将已保存视图应用到剪切立方体。

提示:单击图标旁的下拉箭头,然后取消选中"相机"选项便可关闭该选项。

第二个图标 将切换与已保存视图关联的剪切立方体。

单击：剪切立方体将打开/关闭。可以对剪切平面的高度和剪切边界进行调整。

第三个图标⌒用于向视图添加合适的标注符号。

单击：将出现一个标注，用于指示楼层平面图位置；同时还会显示绘图标识符和图纸名称（在图纸上放置绘图后，这些内容会自动填充）。

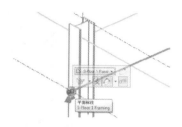

第四个图标🔲用于将绘图中的注释连接到视图中。

最后一个图标🔄用于在绘图或图纸上放置已保存的视图。

选择"打开目标"后将打开与标记相关联的绘图。

提示：下拉菜单会指示使用绘图的所有位置（绘图、图纸等）。通过打开的文件夹可以直接导航到这些文件。

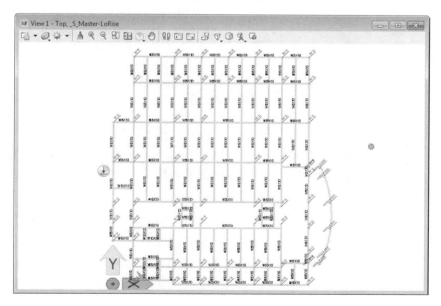

楼层平面图（按楼层集）

另一个选项是"创建楼层平面图（按楼层集）"。该工具使用"楼层管理器"定义来创建多个"动态视图"楼层平面图。

所有当前的楼层定义（由"楼层管理器"所定义）都显示在"楼层选择器"列表框中。在想要创建平面图的楼层旁边选中复选框并单击"下一步"，同时注意选定的绘图种子。

9.2 创建建筑截面

"放置截面标注"功能在 AECOsimBD 中进行了增强，可创建动态视图截面视图。用户可以将截面标注直接放置在绘图或图纸上，而无须选择任何参考。截面标注会搜索其首个相交的参考，并在所参考的模型中创建一个截面视图。

若在选中"创建绘图"复选框的情况下创建截面标注，将会打开"创建绘图"对话框。在"创建绘图"对话框中选中"创建绘图模型"和"创建图纸模型"复选框后，将会创建一个截面视图并将其置于绘图模型中，进而将绘图模型连接到图纸模型中。截面标注将被放置在图纸上，而截面视图将成为设计组图模型的一部分。

☞ **练习：创建建筑截面**

- 在"组图"任务中，选择"放置截面标注"工具。

- 绘制一个穿过建筑东侧/西侧的截面。通过定义截面标记（用于定义截面的位置）的左右边界以及前视图距离（用虚线表示）来完成此操作。

- 将 Struct – Framing Section 用作绘图种子，并将高度设置为"从模型"。同时应选中"创建绘图"。

- 通过单击来定义"截面标记"的左边界。再次单击可以定义右边界。再次单击可以定义截面的前移距离。

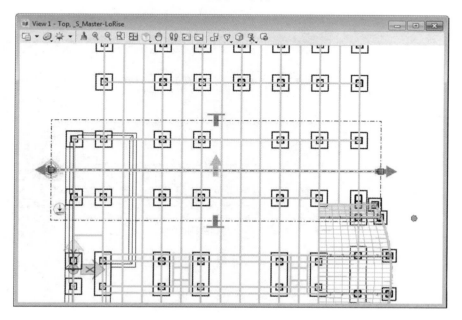

- 为匹配图像，请在"创建绘图"对话框中进行如下图所示的设置。

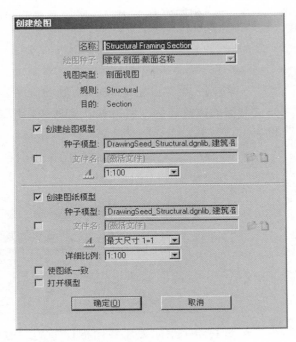

随即会打开刚刚创建的建筑截面。

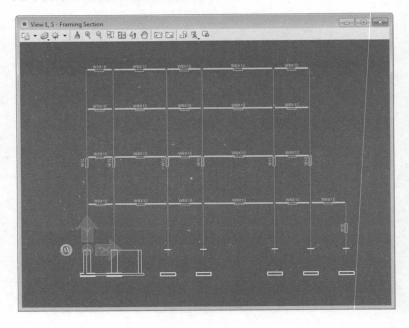

调整截面

由于建筑截面使用剪切立方体来定义剪切平面和边界，因此，用户可以通过调整"主模型"中的截面标记来调整边界。用户可以通过迷你工具栏快速打开"主模型"。为此，可将光标悬停在突出显示的与绘图关联的"标记"上，并选择"打开设计模型"。

"组图模型"随即打开。选择标记后将显示剪切边界。此时，用户可以对边界进行调整。

现在，就可以通过迷你工具栏返回至"截面绘图"。

此时，可以使用"制图和注释任务"向该绘图添加尺寸、注释和其他细节。

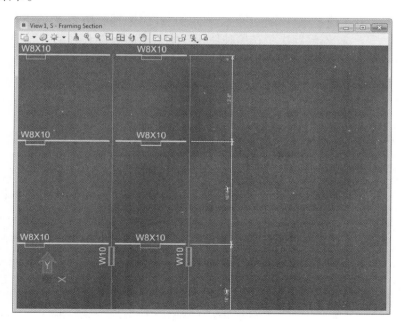

注意： 如果正在使用所提供的"文本样式"，则需要在"放置注释"对话框中关闭"注释比例锁"。

提示： 建议项目团队最好将绘图生成为单独的 DGN 文件，以便多位设计者可以同时使用绘图而无须锁定主模块。

9.3 超级建模

超级建模直接在三维模型的空间上下文中呈现相互关联的设计信息以便与用户进行交互，其中包括：

- 实体与表面。
- 绘图。
- 规格。
- 图像。
- 视频。
- 文档。
- 报告。
- Web 内容。

项目信息浸入到模型中，同时将绘图和细节整合到三维上下文中。借助于超级模型，项目团队可以在信息模型的上下文中查看到所有适用的项目信息，进而避免错误并清晰地了解所有设计内容。超级建模功能不仅解决了在单独使用二维绘图时可能存在的"信息不明确"问题，还解决了三维模型中普遍存在且固有的"不完整"问题。

同样的，这些包含所需细节层的绘图、计划和报告既彼此独立存在，又独立于模型存在，并且仍然属于必须在不同位置进行检查的多个表示。

☞ **练习：检查超级模型**

- 打开 _ Master – LoRiseScheme. dgn。
- 找到模型上显示的各种标记。用户可能需要将视图旋转至轴测视图。
- 标记符号表示"建筑视图"及其在主模型中的位置。标记符号表示以下几种类型的"建筑视图"：

截面视图标记　　平面视图标记　　仰角视图标记　　细节视图标记

● 将鼠标悬停在"截面视图标记"上以显示迷你工具栏。从下拉菜单中选择"图纸"模型。单击"应用截面"。

● 用户将看到相应模型位置上的注释图形从图纸视图叠加到三维视图中。

● 用户可以选择向模型中的对象添加附加信息以进一步说明详细信息。从"组图"任务中选择"添加元素链接"。

● 链接可以指向文件、键入命令或 URL。如果用户具有规格信息，这会非常有用。

提示：用户可以旋转该视图以查看截面在三维视图中的显示方式，进而获取截面在三维模型上下文中的更多相关信息。

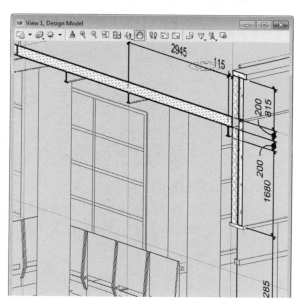

此外，用户还可以直接导航至放置该"建筑视图"的绘图或图纸，方法是将光标悬停在绘图标题上，然后使用迷你工具栏。

将超级模型链接连接到对象

- 可以向模型中的对象添加附加信息，如计划、剪切图纸或制造商目录。
- 在建筑物上定位一个窗口。将光标悬停在窗口上方进行突出显示，然后单击鼠标右键。
- "激活"选项用于激活要添加链接的窗口所在的模型。

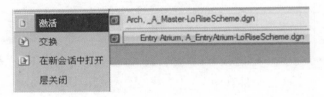

提示："激活"选项将显示对象所在的每个模型，包括参考模型。列表中的最后一个模型始终都是创建对象时所在的模型。

- 打开"组图"任务菜单并找到"添加元素链接"工具。

- 链接可以指向文件、键入命令或 URL。选择"从文件"并使用放大镜来浏览计算机或网络驱动器。找到要创建链接的文件并单击"打开"。
- 从"树"中选择该链接并单击"确定"。

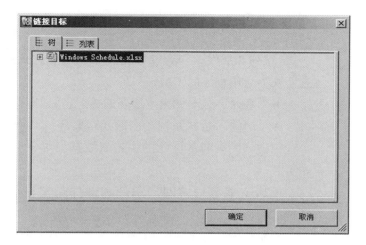

- 此时，可在模型中选择该窗口，并向该窗口中添加链接。
- 含有链接的对象会在光标悬停在其上时显示超级模型链接符号。可以通过右键单击菜单打开链接。

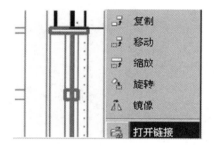

9.4 建筑动态视图再符号化

AECOsimBD 可以帮助用户对模型中的各种组件动态地进行再符号化，以便组件外观适用于二维绘图。Building Designer 采用一套再符号化规则系统，同时配合使用"系列和部件系统"。由此可以确定墙壁、楼板、结构构件、风管和管道等各种组件的外观。

可以为前视图、后视图、剪切以及三维建筑模型定义单独的线符。

9.4.1 系列和部件

"建筑动态视图"再符号化由两个实用程序进行管理，即"系列和部件系统"和"图纸规则"。

通过"系列和部件系统"，可以为前视图、后视图、剪切以及三维建筑模型定义单独的线符。"数据集浏览器"用于创建和管理系列和部件。

"系列和部件"包含在数据集中，用于定义元素的图形表示，可将它们视为应用程序的 CAD 标准。

- "系列"是对元素主标题的描述。
- "部件"是"系列"内的元素集合。

包含"系列和部件"的预定义数据集可从全球各地区的 Bentley 网站下载。

可从主菜单栏访问"系列和部件"："Building Designer"系列和部件。

提示：Bentley Electrical 不使用"系列和部件"概念。

Structural "系列和部件"示例如下。

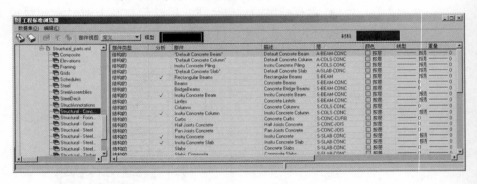

9.4.2 部件视图

选择"部件"后，在"部件视图"的各项选择中便会看到关于几何图形表示方式的所有信息。

部件视图：定义

"定义"选择用于控制元素在三维模型中的表示方式以及对于层、颜色、线宽和尺寸的提取。

部件视图：图纸线符

"图纸线符"选择用于控制元素在绘图中的表示方式以及元素与其他同类型元素的反映方式，这就是所谓的一体化。

部件视图：剪切图案

"剪切图案"选择与元素在绘图中的剖面线绘制方式有关。

部件视图：中心线线符

借助于"中心线线符"选择，不但可以使用标准线型在元素上显示中心线，还可以使用自定义线型来显示。例如，可创建自定义线型来表示木结构或防火墙。

部件视图：渲染特性

"渲染特性"选择用于将部件定义为在放置时具有渲染特性。

提示：有关"渲染"的更多详细信息，请参见 AECOsimBD——使用 Luxology 渲染。

9.4.3 数据组系统

"数据组系统"专门管理用于建模、绘图、计划的应用程序以及用户定义的建筑对象和实例数据，从某种意义上可以说是用于管理与模型中的三维对象相关的全部非图形信息。

该系统具有添加自定义信息并将用户可定义的属性应用至二维/三维文件中几乎所有属性的功能。"数据组系统"可管理所有这些数据，以进行计划和报告导出。

"数据组系统" 概念

在着手建模工作时,设计团队常采用一组熟悉的放置工具来构建模型和完成设计。Structural 团队可能会使用各式各样的门、窗和空间规划工具;设备团队可能会组合使用管道、容器和楼梯命令;结构团队可能会使用一些梁、柱和底脚工具。

各专业领域的设计团队都需要一个可根据需求为模型分配数据的系统。通过"目录"可对各项按类别进行整理。

- 数据将被分配给各项。
- 项目数据由称为"数据组定义"(架构)的模板进行格式设置。"多数据组"可用于定义连接到某个项的数据,一般指系统数据和用户定义的数据。
- 各项通过目录进行整理。

AECOsimBD 数据集是一个含有各种建筑系统库和设置的完整文件夹组,用户可以根据自身需求进行修改。

在 AECOsimBD 中,一些目录已链接至放置工具。例如,"放置门"工具会自动在"门"目录中查询定义。

9.4.4 数据组计划和报告

"数据组系统"专门管理用于建模、绘图、计划的应用程序及用户定义的建筑数据。

界面上提供了两组与"数据组系统"配合使用的工具。

- 数据组定义编辑器。
- 数据组目录编辑器。

数据组定义编辑器

"数据组定义编辑器"是随应用程序软件提供的独立应用程序。该管理工具用于创建、修改和格式化数据组定义。"数据组定义"包含连接到某项的属性列表和属性类型。可通过 Building Designer 下拉菜单访问"数据组定义编辑器"。

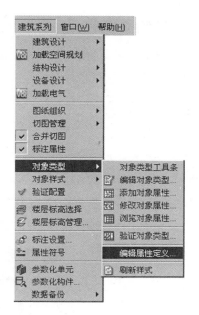

由于该工具面向管理且不在本课程范畴内，因此，本模块练习中使用的数据组定义将采用之前格式化的定义。

数据组浏览器

"数据组系统"工具框中的工具用于管理数据组目录类型、项、实例、特性、值和定义。"数据组浏览器"可用于查看放置于模型中的所有对象的"数据组"属性。

此外，用户还可以查询现有目录项数据，根据现有数据组目录类型创建新的数据组报告，同时针对现有报告内的新数据组目录定义、目录项和目录实例管理相关报告。

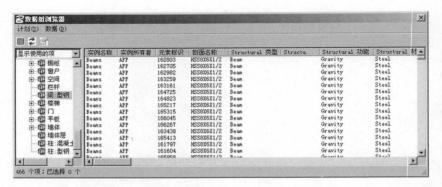

用户还可以在"数据组浏览器"中编辑数据。具体操作方法是在"数据组浏览器"中选择项，然后右键单击并选择"编辑"。

提示："编辑"仅在选定对象位于激活文件中时可用。参考元素不能以这种方式进行编辑。

在选择编辑某项时，用户可以修改该对象的任何数据组值，这一点与使用"通用修改"工具进行编辑时相同。

用户还可以同时从"数据组浏览器"中选择多个项目并向它们添加数据。

AECOsimBD 提供各种预配置计划，可简化生成项目常规报告的过程。这些计划在各个"数据组类别"下列出。

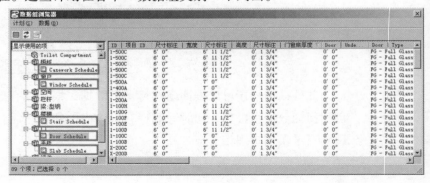

用户可以将计划快速导出至电子表格以便进一步格式化，或者也可以将计划连接到图纸中。在左侧面板中选择计划，然后选择"数据 > 导出"。

该操作会以选定格式导出数据并打开相应的应用程序。

			Siab Schedule				
NAME	TYPE	THICKNESS	GROSS (m^2)	NET (m^2)	PERIMETER (m	PHASING	NOTES
	Raised Floor	200	34.98	34.98	30.986		
	Floor	200	151.96	151.96	89.738		
	Raised Floor	200	548.10	480.17	102.851		
	Raised Floor	200	549.27	536.80	102.940		
	Floor	200	78.67	78.67	37.035		
	Floor	200	78.67	78.67	37.035		
	Raised Floor	200	551.83	483.90	107.639		
	Raised Floor	200	814.05	814.05	122.123		
	Raised Floor	200	544.61	544.61	102.916		
	Floor	200	47.64	47.64	43.688		
	Raised Floor	200	548.10	480.17	102.851		
	Raised Floor	200	548.10	480.17	102.851		
	Raised Floor	200	549.27	536.80	102.940		
	Raised Floor	200	549.27	536.80	102.940		
	Raised Floor	200	549.27	536.80	102.940		
	Raised Floor	200	549.27	536.80	102.940		
	Raised Floor	200	549.27	536.80	102.940		
	Raised Floor	200	549.27	536.80	102.940		
	Raised Floor	200	549.27	536.80	102.940		

提示：用户还可以创建格式设置符合公司标准的自定义计划。相关内容请参阅 AECOsimBD——高级用户自定义课程。

9.5　在建筑动态视图中使用图纸规则

在结构建筑动态视图中，结构图纸规则用于在梁、柱等对象上自动放置标签，以实现再符号化。再符号化可以改变构成抽图的二维图形的外观。图纸输出的单线表示由规则来确定。

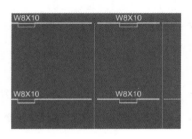

在该绘图中，结构图纸规则将被用于在梁上放置标签以及将梁表示为单线。

图纸规则

"图纸规则"系统已集成到"动态视图"系统中，以便将各个动态视图与其特有的图纸规则一同存储。动态视图创建完成后，图纸规则会显示在"视图属性"对话框的"建筑"面板中。

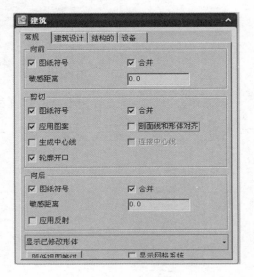

"结构"选项卡中提供了几个实用设置，可对应用于建筑动态视图的 Structural 图纸规则进行管理。此外，"结构"选项卡中还提供了一个工具栏，其中包含如下几个重要工具。

1 2 3 4 5 6 7 8

- 工具1：连接新规则。设计师可借助于该工具将预定义规则连接到建筑动态视图。该工具将打开"图纸规则（基本）"对话框。设计师可在该对话框中选择预定义的图纸规则并创建新的图纸规则定义。
- 工具2：复制规则。将选定规则的副本添加到建筑动态视图中。该工具将打开"图纸规则（基本）"对话框。设计师可在该对话框中更改规则及其条件。
- 工具3：编辑规则。打开"图纸规则（基本）"对话框，其中选定的规则呈高亮显示状态。借助于该工具，设计师可更改规则定义，也可更改应用规则时须满足的规则条件。

● 工具4：卸掉规则。从建筑动态视图中移除选定的规则。卸掉规则时并不会删除规则定义。

规则序列工具对确定规则的应用顺序十分重要。一旦某对象满足条件且相应规则被处理后，其他规则便不会再对该对象进行评估。以下几个工具是规则序列工具：

● 工具5：首先移动。将规则移至列表顶部。这是应用的第一个规则。

● 工具6：上移。将规则朝列表顶部上移一个位置。

● 工具7：下移。将规则朝列表底部下移一个位置。

● 工具8：最后移动。将规则移至列表底部。这是应用的最后一个规则。

应用于建筑动态视图的规则会在"结构"选项卡规则列表中列出。同时，还会显示规则的名称和条件。在"激活"列中，每个规则对应一个复选框。通过这些复选框可以打开或关闭规则。实际上，只会将选中的规则应用于建筑动态视图。未选中的规则将不予应用，但可供设计师在需要时使用。这样便可充分利用动态视图的动态特性。

打开/关闭图纸规则

● 打开早期创建的模型 S – Floor 1 Framing。

● 从"组图"任务中选择"设置参考表示"。

- 选择参考视图，并输入数据点以表示接受。然后，用户可以对建筑视图的显示方式进行修改。

- "参考表示"窗口将会打开。其外观与"视图属性"窗口类似；不同之处在于，它用于控制所保存的参考视图的属性。理解此概念是成功使用"建筑视图"的基本要求。

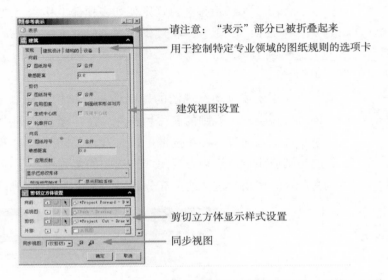

请注意："表示"部分已被折叠起来

用于控制特定专业领域的图纸规则的选项卡

建筑视图设置

剪切立方体显示样式设置

同步视图

- 单击"结构"选项卡以显示可用的图纸规则。关闭"列－主（型钢/柱）"规则。

- 单击"确定"。

注意：这些"柱"标签和符号已消失。

提示：创建"建筑视图"后，"图纸规则"设置会被存放在用户选定的绘图种子文件中。

为模型中的对象添加标签时，应用自动图纸规则可以节省大量时间；但是，不一定会将"数据组注释"正好放置在准确的位置上。有时，注释可能会覆盖图纸中的其他对象，此时需要移动注释。

- 要移动注释单元，只需将其选中，然后即可使用移动工具进行移动。移动注释时，要注意维持它们与其链接到的对象之间的关系。这样一来，无论对象发生什么更新，都会对注释标签进行自动更新。

隐藏注释

用户也可以选择隐藏各个注释标签，使其不在图纸中显示。

- 要隐藏注释标签，需要先将其选中，然后右键单击并选择"隐藏注释"。

- 要使注释重新出现，请先选择链接到注释的组件（"风管""散流器"等），然后单击鼠标右键并选择"显示注释"。

9.6 创建新规则

通过选择"连接新规则",或者在选择当前规则后选择"编辑规则"工具,可从"参考表示"对话框的"建筑视图设置"中的"结构"选项卡中打开"图纸规则"对话框。"图纸规则定义"对话框可从"图纸规则"对话框中打开,用于实现图纸规则的实际创建、复制和编辑操作。

"应用图纸规则"对话框分为两个部分。上部用于处理"条件",下部用于管理规则。为视图分配规则时,需要定义条件并选择规则。选中"添加到视图"按钮后,可将规则和条件填充到"图纸规则"列表框的"结构"选项卡中,也可将规则用于建筑动态视图中。

当前,有七类条件可在 Structural 图纸规则中使用。它们分别是"全部""建筑元素(数据组)""部件和系列""条件集""已保存查询的结果""选择集"和"分组条件集"。

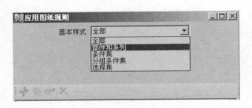

- 全部:将图纸规则应用到所有 Structural Building Designer 组件中。

● 建筑元素：建筑元素条件取决于规则中定义的建筑元素。例如，如果某规则针对风管建立，则设置完"建筑元素"的条件后，会将该规则应用于所有风管。

● 部件和系列：使用"系列和部件"列表框选择要应用图纸规则的部件定义。

● 条件集。使用该列表框选择条件集，然后使用"浏览"按钮选择将为其分配规则的条件文件。

"条件集"中的条件利用了"按属性选择"实用工具。可使用该选项根据数据组系统、数据组属性和建筑属性（包括系列和部件）生成条件。

选择该选项后，"条件名称"和"条件文件"选项将变为可用选项。如果使用"按属性选择"创建了一个条件并予以保存，则可通过如下方式选择该条件：浏览至条件文件，然后从下拉列表中选择该条件的名称。

● 已保存查询的结果：使用"浏览"按钮从要为其分配规则的可用文件中选择 EC Query. xml 文件。查询文件中保存有预定义的分组条件。

● 选择集：利用选择集将图纸规则有选择地应用于当前模型中的组件数。

选定元素 ID：显示将应用图纸规则的组件的元素 ID。

● 分组条件集：使用该列表框选择分组条件，并使用"浏览"按钮选择要为其分配规则的分组条件文件。

选择该选项后，"分组条件"和"条件文件"选项将变为可用选项。如果使用"按属性选择"创建了一个条件并予以保存，则可通过如下方式选择该条件：浏览至条件文件，然后从下拉列表中选择该条件的名称。

提示：条件集是使用"按属性选择"工具创建的。条件集存储在文件扩展名为 . RSC 的资源文件中。

用户可以在"图纸规则"对话框的下部管理这些规则。

利用"新建""复制规则"和"编辑规则"工具可以打开"图纸规则定义"对话框。

针对"结构"的"图纸规则"对话框除包含"名称"和"描述"字段之外，还包含"单线图形""双线图形"和"标签"三个选项卡。

下面汇总了"图纸规则定义"对话框中的各项设置：

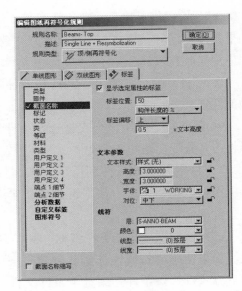

- 规则名称(必填)：设置在"图纸规则"对话框中以及"建筑"面板的"建筑"选项卡中显示的规则名称。

- 描述（可选）：设置规则函数的简单描述。

- "单线图形"/"双线图形"选项卡：启用"显示单线/双线图形"后，控件的"线符"组才可用。对在各个 Structural Building Designer 组件中以二维平面符号形式存储的中心线元素进行再符号化，由此可生成线绘图。

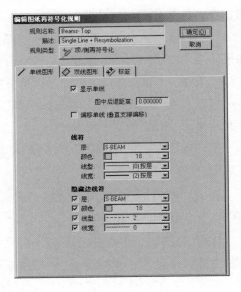

- 显示单线：启用后，可以访问单线再符号化设置。
- 图中后退距离：控制结构构件各端点处的间隙大小。此外，还可将此距离应用于对结构构件执行的任何回切或处理操作，从而确保获得精确绘图。后退距离是指出图距离，而非模型或绘图比例。对于不同比例的绘图，该值保持不变。
- 偏移单线（垂直支撑偏移）：选中此复选框后，可以使用此规则来偏移已再符号化的元素单线。按"距离"字段中指定的值将线向上或向下（具体取决于用户的选择）偏移。这样会移动单线的位置。如果在平面视图中存在垂直支撑，并且垂直支撑被抽图中位于其上方的其他元素遮盖，可使用此方法进行偏移。
- 距离：键入单线将在抽图中偏移的距离。仅当开启"偏移单线"复选框后，才显示此字段。

    上：单线图形向实际位置的上方偏移，偏移值为距离设置中所键入的值。

    下：单线图形向实际位置的下方偏移，偏移值为距离设置中所键入的值。

- 线符：再符号化的单线图形线符由对话框中该区域的设置来确定。

    层：设置可见单线的层。

    颜色：设置可见单线的颜色。

    线型：设置可见单线的线型。

    线宽：设置可见单线的线宽。

- 隐线符号：再符号化的隐藏边是指被绘图中其他项（例如，位于横梁后方的梁）所"覆盖"的边。即使在此设置了隐藏边的线符，也必须启用"编辑图纸定义"对话框的"前视图"/"后视图"选项卡中的"隐藏边"选项，这样才能将这些设置用于抽图过程。

    层：设置隐藏单线的层。

    颜色：设置隐藏单线的颜色。

    线型：设置隐藏单线的线型。

    线宽：设置隐藏单线的线宽。

"双线图形"还提供了一些针对"使用单元再符号化"的附加设置。选中该复选框后，可以访问单元位置和比例字段以及各个选项菜单。

● 单元字段：启用"使用单元再符号化"后，输入要使用的用户定义单元的名称，以此取代按比例表示。

● 单元位置：启用"使用单元再符号化"后，将控制要用于双线的单元的位置。是位于"构件长度的 %"处还是"距某端点一定长度的"位置处，这具体取决于用户在"单元位置"选项菜单中选择的选项。请在提供的文本框中键入值。

● 构件长度的 %：指定将在"单元 X 轴比例"选项菜单的此点上放置的单元，请选择下列值之一。

单元 X 轴比例：可沿 X 轴方向设置单元的比例。

单元 Y 轴比例：可沿 Y 轴方向设置单元的比例。

9.6.1 标签

"图纸规则标签"选项卡包含用于控制 Structural Building Designer 标签线符的控件。可将有关部件/系列、尺寸标注/直径、绝缘体/衬里、状态、材料、压力级别和空气流的组件信息连接到重新符号化的图形。

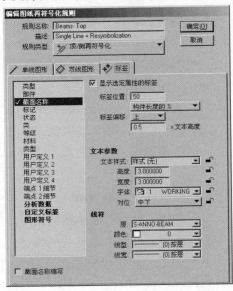

"属性"列表显示用于描述 Structural Building Designer 组件的可用构件属性。

- 显示选定属性：启用后，选定属性的设置变为激活状态。现在，将以星号标识该构件属性。
- 位置：控制标签相对于重新符号化的 Structural Building Designer 组件的位置。
- 构件长度的 %：输入百分比以沿着重新符号化的组件的长度轴来定位标签。从组件的起点（端点 1）开始计算值。
- 标签偏移：通过选择方向并输入值来控制标签的中心线偏移距离。
  - 上：将标签置于重新符号化的组件的上方。
  - 下：将标签置于重新符号化的组件的下方。
- ×文本高度：输入数值以设置在重新符号化的组件上方或下方放置标签时所需的偏移值。
- 文本参数：可以在此控制标签中所用文本的外观。
  - 文本样式：从列表框中选择可用的文本样式。使用"文本样式"工具来加载或创建样式。
  - 高度：输入标签文本高度的数值。
  - 宽度：输入标签文本宽度的数值。
  - 字体：从列表框中选择可用的字体。
  - 对位：设置 Structural Building Designer 标签中所用文本的对齐方式。此对齐方式设置与标签偏移无关。
- 线符：可以在此控制标签中所用文本的线符。
  - 层：设置标签的层。
  - 颜色：设置标签的颜色。
  - 线宽：设置标签的线宽。

9.7 数据组注释单元

"注释工具设置"对话框不仅用于修改线符（颜色、线型、线宽）和更改注释符号图形所在的层，还用于将其他单元替换为注释图形。

9.7.1 选择默认的数据组注释单元

通过"建筑系列"菜单打开"标注设置"对话框。

打开后，用户可以通过单击"＋"图标，在该对话框的左侧列表中展开"数据组注释"部分，将打开一个包含当前数据组目录的列表。

选择其中一个数据组目录后，默认注释单元的设置将显示在右侧面板中。通过这些设置可以控制数据组注释单元的外观，其中这些单元是利用"数据组注释"工具或 Structural 动态视图规则进行放置的。

设置面板上共有四行，每行对应一个数据组目录，即"主标注""引线""端符"和"文本"。

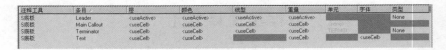

通过"主标注"行可以选择注释单元，还可以选择是否使用单元的线符设置、按层线符、激活线符设置或者层、颜色、线型和线宽的各个替代项。

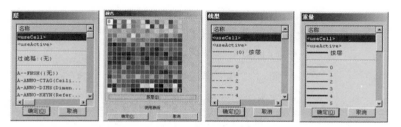

这些单元同时存储在一个单元库中。

提示：利用单元列表右上角的黑色小箭头可以打开/关闭单元的预览窗口。

借助于"引线"和"端符"，可指定在使用"数据组注释"工具放置注释时可以放置的引线和端符。

通过"文本"设置可以指定注释单元中所显示文本的线符和字体。

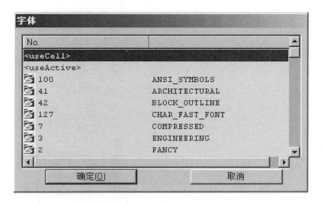

用户在"注释工具设置"工具中设定的设置将被存储在名为 annotationoverides. xml 的 xml 文件中。默认情况下，此文件存储在项目数据集中，以便参与项目的每个人都使用统一的注释设置。

☞ **练习：替代数据组注释单元的外观**

- 打开模型 S – Floor 1 Framing。
- 通过"建筑系列"菜单打开"注释工具设置"工具。
- 展开对话框左侧列表中的"数据组注释"。
- 从列表中选择"楼板"。
- 请检查这些设置。
- 单击"确定"以应用所有更改并关闭对话框。

9.7.2 管理数据组注释单元

管理组注释单元用于在绘图上提供注释，所提供的注释以存储在模型元素上的信息为基础。可使用注释单元放置哪种信息类型取决于选定的目录以及在此目录中定义的信息类型。"管理数据组注释单元"工具用于创建和修改数据组注释单元。

"管理数据组注释单元"工具可通过"建筑系列"菜单进行访问。

选中该工具后，将打开包含数据组注释单元的单元库，同时还将打开"管理数据组注释单元"对话框。

利用该对话框顶部工具栏中的图标可以创建新注释单元、复制现有注释单元、查看当前单元的模型属性、删除当前单元以及设置单元原点。

在该对话框的"单元属性"部分将列出当前库以及当前注释单元的名称和描述。要切换到其他注释单元，请使用"当前注释单元"中的下拉选项以选择其他单元。

该对话框的左下部分有一个下拉选项，其中列出了当前注释单元可关联到的可用数据组目录。每个单元只能与一个目录相关联。将链接到数据组信息的一段文本放置在单元中后，将无法更改注释单元类型。

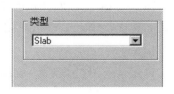

该对话框的"数据组信息"部分列出了选定目录中可通过注释单元进行报告的可用数据类型。要在链接到数据组信息的单元中放置一段文本：

- 请选择想从列表中放置的信息类型。
- 请选择要放置的文本格式。

"格式"选项具体取决于选定的数据类型。这些选项包括：

- 整型：整数。
- 字符串：文本串。
- MU – SU：以主单位 – 子单位计量且不带标签的尺寸标注显示。
- MU 标签 SU 标签：带有主单位、主单位标签、子单位及子单位标签的尺寸标注显示，例如 4m300mm。
- MU 标签 – SU 标签：带有主单位、主单位标签、短划线及子单位标签的尺寸标注显示，例如 4m – 300mm。
- MU：仅以主单位显示的尺寸标注。
- SU：仅以子单位显示的尺寸标注。
- 双精度型：带有小数位的数值。
- DD MM SS：以度、分和秒计量的角度。
- DD. DDDD：以度计量的角度。
- 面积优选项：为显示面积而采用的基于用户优选项的面积尺寸标记。
- 自定义：可处理原始数据组数据的 VBA 项目、模块和程序。将数据组属性中的值作为键入命令参数送到宏中，通过宏进行处理后，再将其反馈至注释单元。
- 请选择要在单元中采用的文本字符串长度。

提示：如果用户的数据超出此长度，则在放置注释单元后，该单元会将此数据替换为一系列散列标签，如"#####"。如果数据为空，则文本将被替换为一系列下划线，如"_____"。

- 如果数据类型为带有小数位的数值，则从"精度"下拉选项中选择要显示的小数位数。
- 单击"放置文本"以在单元中放置占位符文本字符串。文本将通过激活"文本设置"进行格式化。用户可以在放置文本后修改其属性。

用户可以将完成注释单元所需的任何几何图形包括在内。对于任何其他单元，全局原点（ACS 三向标的位置）将成为注释单元的放置原点。由于注释单元是按绘图的注释比例进行缩放的，因此，用户应以打印时想要显示的尺寸来绘制注释单元。

Building
Success
Software for
• Design
• Analysis
• Construction
• Operations

10 AECOsimBD 建筑设备：暖通空调

模块概述

本课程旨在指导使用 AECOsimBD 的基本 Mechanical 功能进行建筑信息建模（BIM）。AECOsimBD 支持 Mechanical 设计的用户和系统管理员自定义已提供的数据，以便用户可以应用自有的公司标准、项目标准或两者的组合。

模块先决条件

- 具备 MicroStation V8i 的相关基础知识。
- 了解 Mechanical 设计。
- 具备三维设计的相关基础知识并对其有基本的了解。
- 会使用"精确绘图"及其键盘快捷键。

模块目标

完成对本课程的学习后，用户将能够：

- 创建 HVAC 系统的三维模型。
- 在楼层平面图周围布置矩形和圆形管网。
- 使用"精确绘图"在模型内精确地放置管网。
- 说明如何使用自动拟合。

10. 1 Building Mechanical 优选项

指位于"用户优选项"下的 Mechanical 实用工具（包括"精确捕捉"提示和风管、软风管与拟合件提示）的设置和控件。

这些优选项用于控制当鼠标悬停于构件上时，系统提示的信息。用户可以启用或禁用全部"精确捕捉"提示或只是诸如部件名称、保温、材料和系统标识等特定类型提示的显示。

提示："精确捕捉"仅在待捕捉元素具有为其分配的特定数据组信息的情况下才显示提示。

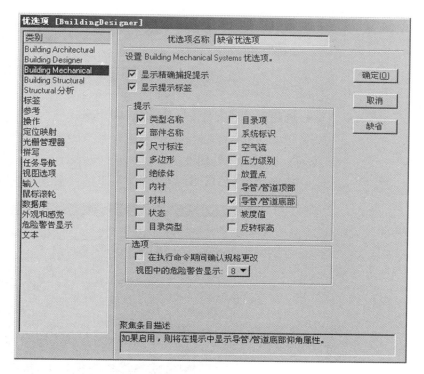

"选项"部分中还提供了用于确认规格更改（例如，从 HVAC 切换至管道元素）的其他设置。

- 视图中的在位编辑编辑视口：定义显示待编辑隔离组件的视图。该组件尺寸适合视图大小，且允许通过弹出式对话框实现更快速的编辑操作。

10.2　放置空气处理设备

在本部分将学习放置和操作空气处理设备（AHU）。

☞ **练习：创建新的设计文件**

- 按如下所示设置"工作空间"：
  - 用户：Building Designer。
  - 项目：Building Book Sample。
  - 界面：default。

- 创建新设计文件——Mechanical. dgn。

☞ **练习：放置空气处理设备**
   - 选择"放置 HVAC 设备任务"下的"放置用户定义对象"工具。

   - 在"放置用户定义对象"工具框中，为"送风宽度""送风深度""回风宽度"和"回风深度"选择适当的值。确定 AHU 总长度和高度（"尺寸标注"深度和"尺寸标注"高度）的适当值。
   提示：AHU 的"宽度"由送风管和回风管的宽度决定，以较宽者为准。

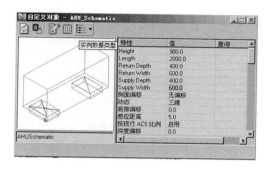

- 通过单击在模型中放置示意性 AHU。
- 要修改示意性 AHU，请使用"通用修改"工具。

提示： 示意性 AHU 具有在位编辑功能，可供用户对"长度"和"高度"进行动态调整。使用"选择元素"来显示这些句柄，并通过拖动夹点操作尺寸标注。

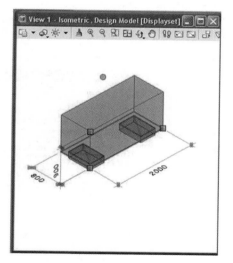

10.3 管线

现在，开始为一直使用的地面层构建 HVAC 管线模型。在设计过程中，需要使用大量不同的管网形状来完成模型。

AECOsimBD 提供三种最常用的管网形状：

- 矩形。
- 圆形，包括"软风管"。
- 扁平的椭圆形。

10.3.1　类别和样式

放置管网时，使用"类别和样式"信息来定义要放置的系统类型，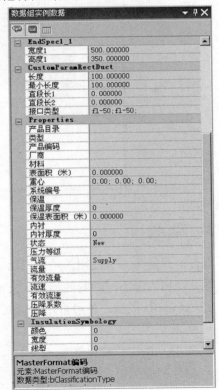

这一点至关重要。样式用于控制管线的线符（"层""线宽""样式""颜色"），而"数据组系统 DataGroup"用于控制风管的尺寸和特性。

设置完"Building 基本菜单"对话框后，便可以选择想要放置的风管类型并设置其尺寸。

提示：请记住，当"锁"处于激活状态时，风管要始终放置在当前 ACS 层。由于在不同的视图中可以定义不同的 ACS，因此请务必检查各个视图中的激活 ACS。

10.3.2　风管参数

放置管线时，构件属性对话框会显示用于控制宽度、深度、端点类型所需的信息和其他特性（如材料和绝缘情况）的信息。

　　若在布置风管过程中减小或增大风管尺寸，Building Designer 将自动放置过渡连接件。在拐角处布置风管时，会自动放置弯头等连接件。

10.3.3　放置组件工具设置

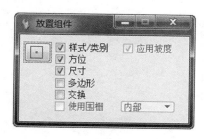

　　放置风管时，可以使用"工具设置"来匹配现有管网的特性。

● 样式/类别：选中后，会将选定组件的样式分配给新组件。

● 尺寸：选中后，新组件会与选定组件的端点对齐。

● 多边形：选中后，新组件会自动调整尺寸以匹配选定组件的端点。

● 交换：选中后，现有组件会替换为激活组件。

● 使用围栅：选中后，围栅中的所有现有组件均会替换为激活组件。该选项菜单用于设置"围栅（选择）模式"。

　　此外，用户还可以在将风管放置到模型中时设置其放置位置（"对位"）。选择"对位"按钮将显示可用的放置点。

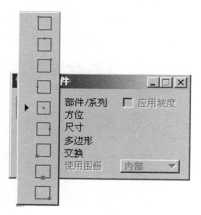

☞ **练习：放置风管**

● 在模型中放置风管。先单击一个数据点以定义风管的起始位置，再单击另一个数据点以定义其终止位置。

- 继续向系统布局示意图中添加风管段。

提示：可以在执行命令的过程中调整风管的尺寸或形状，且会自动插入所有需要的变径。

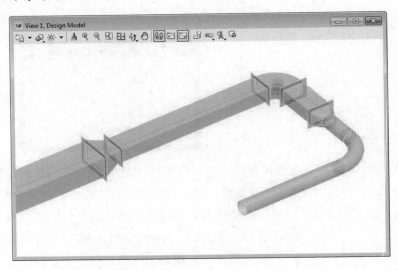

默认连接件选项

用户可以对 Building Designer 在向风管插入弯头或变径时所使用的默认拟合件进行特性设置。对矩形风管来说，默认拟合件可以是"半径弯头"，也可以是"矩形直角弯头"。

- 要将"矩形直角弯头"设置为矩形风管的"默认自动连接选项"，可从"HVAC 矩形风管任务"中选择"斜接弯头"。

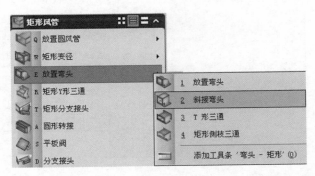

- 在"构件属性"框中，右键单击并选择"设为默认连接件参数"。再次将弯头插入矩形风管段中时，会使用到用户设置的所有特性（叶片、端点类型等）。

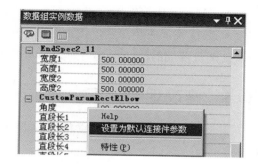

☞ **练习：放置风管**

● 放置多个矩形风管。

提示：自动插入的弯头均为矩形直角弯头。

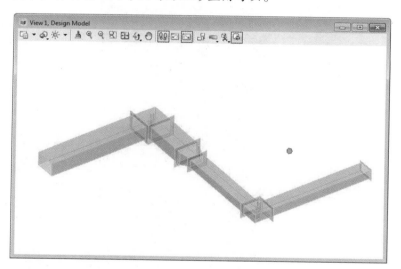

自动连接件连接类型选项

同样，用户也可以将风管的端点类型定义为"自动拟合"。

"End Type"选项采用以下格式：

- "M–"代表外螺纹端，"F–"代表内螺纹端。
- 数字表示法兰深度。因此，m–50、f–50 表示带有外螺纹端和内螺纹端且两端的法兰尺寸均为 50mm 的风管。

10.4 修改现有元素

用于修改 Mechanical 元素的工具位于各个"HVAC 风管任务"界面中。

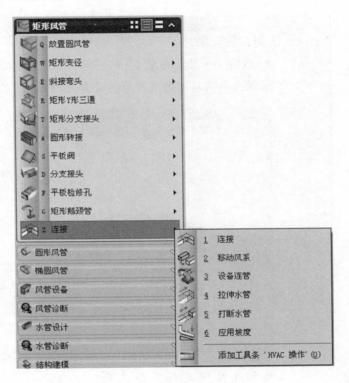

10.4.1 拉伸风管

拉伸风管命令的作用与 MicroStation V8i"伸缩直线"命令的作用类似。用户可以通过拉伸现有构件或通过添加新构件并与现有构件连接来增加长度。

☞ **练习：拉伸风管**

- 使用"拉伸风管"工具在模型中加长或缩短风管段。

10.4.2　打断风管

　　"打断风管"与 MicroStation 的"部分删除"工具非常相似，用于将一段风管截为两段。各风管成为各自的独立元素并保留各自的信息。

　　除了将风管截成两段外，它还能将一段更长的风管截成标准长度。该功能在布置风管的精确长度以实现制造目的时甚为有用。

　　"打断"设置：

* 动态：打断的尺寸通过数据点进行交互确定。
* 标准：选中后，键入要应用于选定组件的标准长度。标准长度的起点位于距离第一个数据点最近的一端。
* 合并共线：扫描穿过公用线的互连风管或管道，并将它们合并为一段。

　　☞　练习：打断风管

* 使用"打断风管"在模型中截断风管。
* 练习使用"标准方法"将风管截成等长的管段。
* 使用"合并共线"合并各管段。

10.4.3　连接工具

　　该工具常用于连接之前放置的两段管网。将风管连接到一起后，可根据情况插入单个拟合件或组合拟合件。

　　☞　练习：连接风管

* 使用连接工具连接两段风管。风管必须位于同一高度方可进行连接。

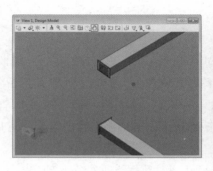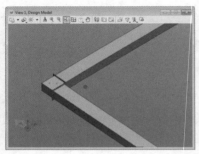

使用分支接头连接风管

"连接风管"还可用于连接两段不同尺寸的风管。分支接头将被插入到风管中，并自动适应尺寸较小的风管。

● 要利用分支接头连接风管，请将"连接工具设置"对话框中的方法更改为"利用分支接头连接"。

● 选择将从主风管分支出来的风管。

● 然后选择主风管。

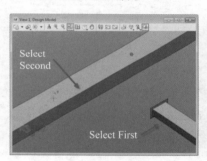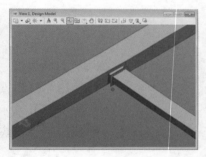

10.4.4 移动组件

通过该命令，用户能够动态地移动机械组件和所有连接的组件，同时维护它们之间的连接状态。

10.4.5 对风管应用坡度

"应用坡度"操作工具提供了一些用于定义坡度处理的灵活控件。该工具可将坡度按设定坡度限制分段动态地应用至管道的各个管段或整个管道线路。

用户在使用中会出现多次遇到想要对一段可能有垂直立管或接头的风管应用连续坡度的情况。选中"通过立管继续"设置后，将通过立管、绕过超过定位公差的组件（如垂直管道）对所有连接的路由组件应用坡度。拟合件均为再生的且始终保持连接状态。

10. 4. 6   修改组件

"修改组件"命令位于"主建筑"工具中。该命令用于修改风管拟合件和拟合件实例数据。在修改操作过程中，"数据组系统"信息可在"在位编辑编辑视口"视图或"数据组实例数据"对话框中进行修改。

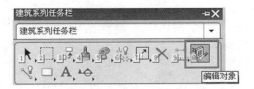

修改风管长度时，可更改风管的形状和对位情况。

☞ **练习：修改组件**

* 使用"修改组件"工具选择一个风管。

* 随即显示"数据组实例数据"框以及待修改组件的"在位编辑编辑视口"隔离视图。

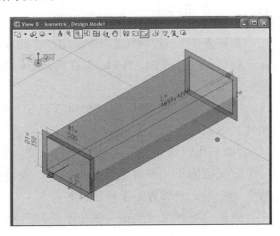

- 可以在"数据组实例数据"框中更改风管尺寸或直接在"在位编辑编辑视口"中选择特定尺寸。
- 左键单击视图提交更改内容。

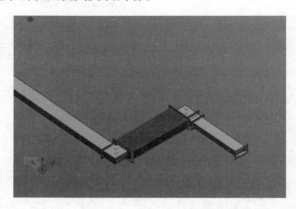

- 用户会注意到,需要重新调整其余支管的尺寸以匹配新的风管尺寸。为此,请使用"精确绘图"快捷键 RS 来重新调整整个支管的尺寸。

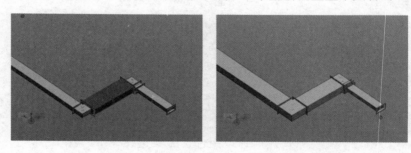

提示:RS 会替换 Bentley Building Designer 中的旧 RC 命令。

10.5 散流器

在许多 HVAC 工作流程中,用户都需要在布置风管前将散流器放置在工作区域。Building Mechanical Systems V8i 为用户提供了多种不同类型的散流器。

"数据组实例数据"对话框可帮助用户控制所放置散流器的尺寸和属性,以及选定散流器的所有特性。

"数据组系统定义"是指一个目录或为大量数据定义的集合,其中,一个定义适用于一种目录类型。例如,提供的目录类型有软风管、矩形弯头、三向三通和方形上接散流器。

通常,一种目录类型有多个不同的目录项。例如,上接散流器目录类型可以有多种不同的方形散流器。各个目录项定义用于设置对应目录项属性的名称和格式。例如，方形散流器的项属性可以是格栅类型、框高度和连接长度。

☞ **练习：设置新的送风散流器的尺寸**

本练习针对的是如何使用"方形侧接散流器"工具以及如何设置散流器特性。

- 在"Building 基本菜单"对话框中进行以下设置。
  - 系列：Duct。
  - 部件：Supply – New。

提示：属性会按数据集中所定义的内容进行自动更改。

- 在"楼层选择器"中将"激活楼层"层设置为"顶层办公室 2"。
- 检查 ACS 锁是否已激活。

提示：ACS 会移动至新高度。

- 在如下所示的"HVAC 格栅和散流器"任务列表中选择"放置方形侧接散流器"命令。

通过"工具设置"对话框设置以下内容：

- 部件/系列：禁用。
- 方位：禁用。
- 尺寸：禁用。
- 形状：禁用。
- 交换：禁用。

在模型中放置一排散流器。

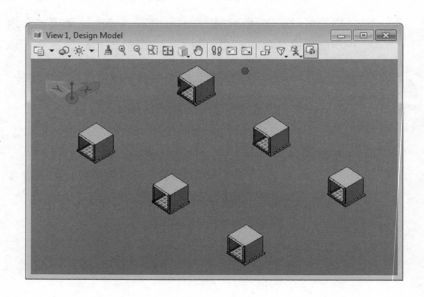

10. 6   修改散流器

"修改组件"命令用于修改散流器。该命令位于"主建筑"工具中。在修改操作过程中,"数据组系统"信息可在"在位编辑编辑视口"视图或"数据组实例数据"对话框中进行修改。

10. 7   Mechanical 精确绘图快捷键

有时,用户需要旋转拟合件使其实现正确定向,或需要设置拟合内联。"精确绘图"快捷键可帮助用户在应用程序中放置拟合件和其他多数对象。

● RI:在建立端点连接后,将组件设置为内联动态放置模式。放置后,父风管/管道会截断以适应内联组件。

● RR:通过切换连接点对 Mechanical Building Designer 组件进行重新定向。

● RS:重新调整连接组件的尺寸以反映组件修改期间发生的尺寸更改。

- RT：绕精确绘图 X 轴将组件向左旋转 90°。
- RW：绕精确绘图 X 轴将组件向右旋转 90°。

10.8 使用 "数据组浏览器" 管理数据

既然已在三维模型中放置了一些组件，就可以使用相关数据来创建一些数据报表。可以使用 "数据组系统" 来帮助完成这项任务。

要查看模型中现有项的报告，可以使用 "数据组浏览器"。

- 打开 "数据组浏览器"（从 "数据" 任务中进行选择）。

- 用户可通过 "数据组浏览器" 将 "目录类型" 分为 "全部" "使用" 和 "选择集" 三类。

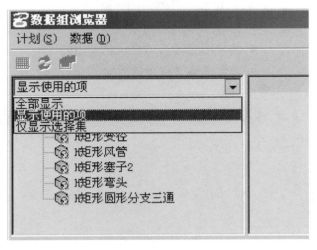

- 选择各目录类型后，将打开当前放置在模型中的组件列表。

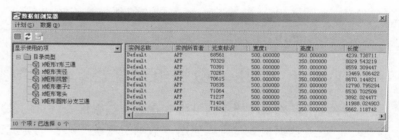

- 右键单击列表中的某一项，将打开有关此项的选项。

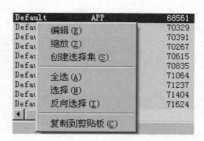

- 编辑：只要某一项位于激活文件中或参考文件处于激活状态，该选项即可用于修改此项。
- 缩放：根据选定项调整视图。
- 创建选择集：根据突出显示的项创建选择集。

☞ 练习：查看"数据组浏览器"

- 打开"数据组浏览器"。
- 将视图更改为"显示已使用的"。
- 查看激活文件中的数据。

☞ 练习：使用本模块中之前介绍的工具创建示意性 HVAC 设计

11　AECOsimBD 建筑设备：图纸输出

模块概述

　　将不同的建筑信息模型放置在不同的文件里，可以建立一个空的文件，然后将不同的模型组装在一起，我们称之为三维组装，利用这个组装的模型，可以进行图纸输出操作。

模块先决条件

- 全面了解 3D 模型的使用方法。
- 参加过 AECOsimBD Mechanical Fundamental 课程，或具有 Bentley Building 软件的使用经验。

模块目标

　　完成对本模块的学习后，用户将能够：

- 组合三维模型：创建"主模型"组图。
- 创建视图（二维）：在项目中创建截面视图、细节视图或平面视图。
- 组图：创建可供发布的图纸。
- 使用图纸规则：创建规则并管理"注释"功能。

11.1　创建楼层平面图

　　"创建楼层平面图"工具用于创建动态视图楼层平面图。

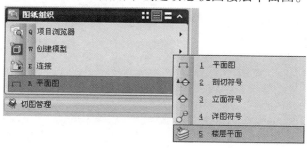

"创建楼层平面图"工具会从 AECOsimBD 楼层管理器、IFC i-model 以及已命名的 ACS 定义和形状中读取楼层定义。

楼层平面图是基于用户定义的设置和"楼层管理器"中的楼层定义而创建的。设计师可以使用单个楼层定义或楼层定义集来创建楼层平面图，也可以使用在模型内定义区域的多边形来创建。

楼层平面图的属性包括建筑和楼层定义、楼层和层数据、楼层标高和楼层间距。

"创建平面图"工具设置窗口会自动调整以适应楼层平面图的创建方法。

创建楼层平面图的方法如下：

- 用户定义的楼层平面图。
- 楼层平面图（按楼层）：由"楼层管理器"中的设置定义。
- 楼层平面图（按楼层集）：由"楼层管理器"中的设置定义。

工具设置窗口还提供用于设置"视图范围"和操作"剪切立方体"的控件。

☞ **练习：创建楼层平面图**

- 创建新文件 M_ LoRise. dgn。
- 连接参考文件 _ M_ Master – LoRiseScheme. dgn（实时嵌套/深度为 3）。
- 在"创建平面图"菜单中进行以下设置：

提示：每个 AECOsimBD 应用程序均有其各自特定专业领域的绘图种子。可用的绘图种子由加载的专业领域决定。

- 通过"视图范围"可设置剪切平面、前视图范围和后视图范围三者的高度。此高度设置为 3 时表示将在第一层上方（风管的正上方）3m 处进行剪切。
- 通过"模型范围"可以捕捉整个模型并在"楼层"层上设置剪切平面。在实践中，该选项应始终设置为"绘图模板"，旨在读取"楼层管理器"设置并在距离楼层设定距离处进行剪切。
- 确保"创建绘图"处于选中状态。单击视图后，"创建绘图"对话框随即打开。设置如下图所示内容以匹配图像。

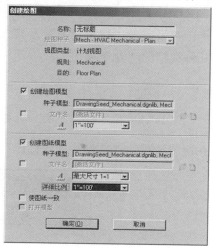

提示：如果选中了"创建绘图模型"和"创建图纸模型"，则 Building Designer 将创建一个绘图并使用定义的"种子模型"自动将该绘图放置在图纸上。通过"文件名"旁边的复选框可以将绘图或图纸创建为单独的文件，而不是将它们嵌入到激活文件中。

请确认"视图属性"中的"标记"已启用：打开"视图属性"对话框并启用"标记"。"标记"是 Building Designer 的新功能，通过该功能用户可以应用与剪切立方体相关联的已保存视图、打开/关闭剪切立方体、连接标注符号、显示图纸注释并将视图放置在绘图或图纸上。

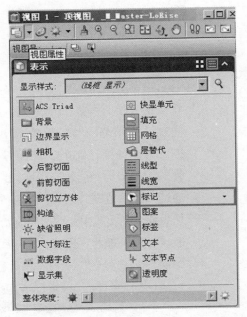

标记符号表示"建筑视图"及其在主模型中的位置。标记符号表示以下几种类型的"建筑视图"：

截面视图标记　　平面视图标记　　仰角视图标记　　细节视图标记

在视图中找到"楼层平面图标记"并将光标置于其上。

上图左侧的第一个图标 将应用与标记关联的已保存视图。

单击：注意观察该视图如何旋转为顶视图以及如何将已保存视图应用于剪切立方体。

提示：单击图标旁的下拉箭头，然后取消选中"相机"选项便可关闭该选项。

第二个图标 将会切换与已保存视图关联的剪切立方体。

单击：剪切立方体将打开/关闭。可以对剪切平面的高度和剪切边界进行调整。

第三个图标 用于向视图添加合适的标注符号。

单击：将出现一个标注，用于指示楼层平面图位置；同时还会显示绘图标识符和图纸名称。在图纸上放置完绘图后，这些内容会自动填充。

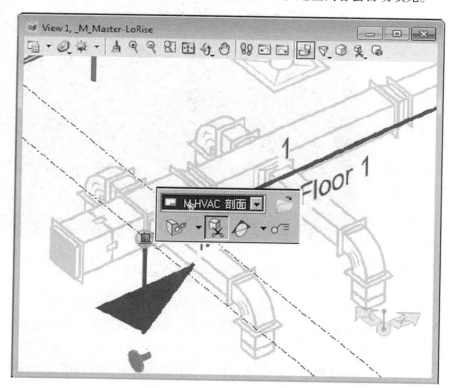

第四个图标 用于将绘图中的注释连接到视图中。

最后一个图标 用于将已保存视图放置在绘图或图纸上（本练习中已完成此操作）。

选择"打开目标"后将打开与标记相关联的绘图。

提示：下拉菜单会指示使用绘图的所有位置（绘图、图纸等）。通过打开的文件夹可以直接导航到这些文件。

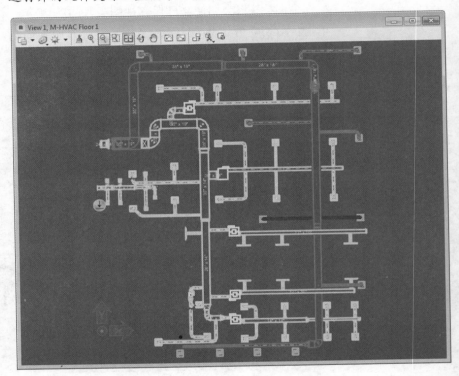

11.1.1 楼层平面图（按楼层集）

另一个选项是"创建楼层平面图（按楼层集）"。该工具使用"楼层管理器"定义来创建多个"动态建筑视图"楼层平面图。

所有当前的楼层定义（由"楼层管理器"所定义）都显示在"楼层选择器"列表框中。在想要创建平面图的楼层旁边选中复选框并单击"下一步"，同时注意选定的绘图种子。

11.2 创建剖面图

"放置剖面"功能在 AECOsimBD 中进行了增强，可创建动态视图剖面视图。用户可以将截面标注直接放置在绘图或图纸上，而无须选择任何参考。截面标注会搜索其首个相交的参考，并在所参考的模型中创建一个剖面视图。

若在选中"创建绘图"复选框的情况下创建截面标注，将会打开"创建绘图"对话框。在"创建绘图"对话框中选中"创建绘图模型"和"创建图纸模型"复选框后，将会创建一个截面视图并将其置于绘图模型中，而绘图模型进而会被连接到图纸模型中。截面标注将被放置在图纸上，而截面视图将成为设计组图模型的一部分。

☞ **练习：创建剖面**

- 在"组图"任务中，选择"放置剖面"工具。

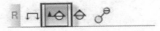

- 绘制一个穿过建筑东侧/西侧的截面。通过定义剖面标记（用于定义剖面的位置）的左右边界以及前视图距离（用虚线表示）来完成此操作。

- 将 Struct – Framing Section 用作绘图种子，并将高度设置为"从模型"。同时应选中"创建绘图"。

- 通过单击来定义"剖面标记"的左边界。再次单击可以定义右边界。再次单击可以定义截面的前移距离。

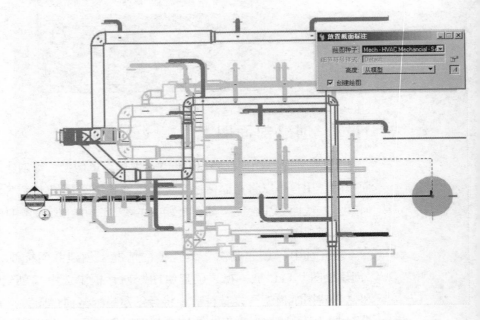

- 为匹配图像，请在"创建绘图"对话框中进行以下设置。

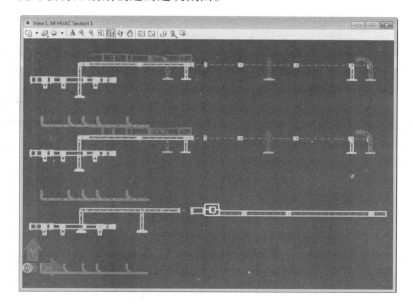

随即会打开刚刚创建的建筑截面。

调整剖面

由于建筑剖面使用剪切立方体来定义剪切平面和边界，因此，用户可以通过调整"主模型"中的剖面标记来调整边界。用户可以通过迷你工具栏快速打开"主模型"。为此，可将光标悬停在突出显示的与绘图关联的"标记"上，并选择"打开设计模型"。

"组图模型"随即打开。选择标记后将显示剖面边界。此时，用户可以对边界进行调整。

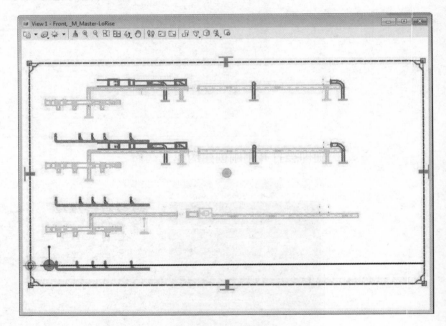

现在，可以通过迷你工具栏返回至"剖面绘图"。

此时，可以使用"制图和注释任务"向此绘图添加尺寸、注释和其他细节。

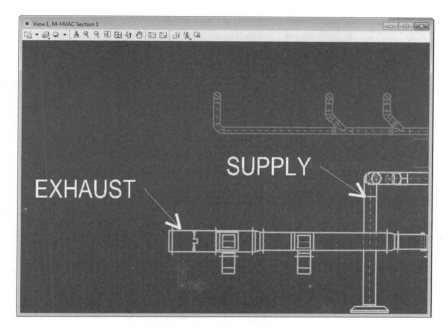

注意：如果正在使用所提供的"文本样式"，则需要在"放置注释"对话框中关闭"注释比例锁"。

提示：建议项目团队最好将绘图生成为单独的 DGN 文件，以便多位设计者可以同时使用绘图而无须锁定主模块。

11.3 超级建模

超级建模直接在三维模型的空间上下文中呈现相互关联的设计信息以便与用户进行交互，其中包括：

- 实体与表面。
- 绘图。
- 规格。
- 图像。
- 视频。
- 文档。
- 报告。
- Web 内容。

项目信息浸入到模型中，同时将绘图和细节整合到三维模型中。借助于超级模型，项目团队可以在信息模型上查看到所有适用的项目信息，进而避免错误并清晰了解所有设计内容。超级建模功能不仅解决了在单独使用二维绘图时可能存在的"信息不明确"问题，还解决了三维模型中普遍存在且固有的"不完整"问题。

同样，这些包含所需细节层的绘图、计划和报告既彼此独立存在，又独立于模型存在，并且仍然属于必须在不同位置进行检查的多个表示。

☞ 练习：检查超级模型

- 打开_ Master – LoRiseScheme. dgn。
- 找到模型上显示的各种标记。用户可能需要将视图旋转至轴测视图。
- 标记符号表示"建筑视图"及其在主模型中的位置。标记符号表示以下几种类型的"建筑视图"：

截面视图标记　　平面视图标记　　仰角视图标记　　细节视图标记

- 将鼠标悬停在"剖面视图标记"上以显示迷你工具栏。从下拉菜单中选择"图纸"模型。单击"应用剖面"。

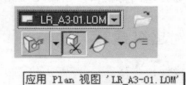

应用 Plan 视图 'LR_A3-01.LOM'

- 用户将看到相应模型位置上的注释图形从图纸视图叠加到三维视图中。
- 用户可以选择向模型中的对象添加附加信息以进一步说明详细信息。从"组图"任务中选择"添加元素链接"。

● 链接可以指向文件、键入命令或 URL。如果具有规格信息，这会非常有用。

提示：用户可以旋转该视图以查看剖面在三维视图中的显示方式，进而获取剖面在三维模型上下文中的更多相关信息。

此外，用户还可以直接导航至放置该"建筑视图"的绘图或图纸，方法是将光标悬停在绘图标题上，然后使用迷你工具栏。

将超级模型链接连接到对象

● 可以向模型中的对象添加附加信息，如计划、剪切图纸或制造商目录。

● 在建筑物上定位一个窗口。将光标悬停在窗口上方进行突出显示，然后单击鼠标右键。

● "激活"选项用于激活要添加链接的窗口所在的模型。

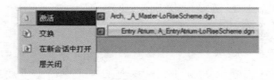

提示:"激活"选项将显示对象所在的每个模型,包括参考模型。列表中的最后一个模型始终都是创建对象时所在的模型。

- 打开"组图任务"菜单并找到"添加链接"工具。

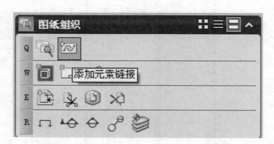

- 链接可以指向文件、键入命令或 URL。选择"从文件"并使用放大镜来浏览计算机或网络驱动器。找到要创建链接的文件并单击"打开"。
- 从"树"中选择该链接并单击"确定"。

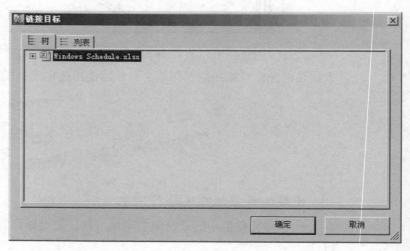

- 此时,可在模型中选择该窗口,并向该窗口中添加链接。
- 含有链接的对象会在光标悬停在其上时显示超级模型链接符号。可以通过右键单击菜单打开链接。

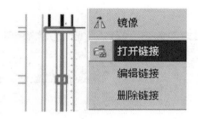

11.4　建筑动态视图再符号化

AECOsimBD 可以帮助用户对模型中的各种组件进行再符号化，以便组件外观适用于二维绘图。Building Designer 采用一套再符号化规则系统，同时配合使用"类别和样式统"。由此可以确定墙壁、楼板、结构构件、风管和管道等各种组件的外观。

可以为前视图、后视图、剪切以及三维建筑模型定义单独的线符。

11.5　类别和样式

"建筑动态视图"再符号化由两个实用程序进行管理，即"类别和样式"和"图纸规则"。

通过"类别样式"，可以为前视图、后视图、剪切以及三维建筑模型定义单独的线符。"数据集浏览器"用于创建和管理构件样式。

"类别样式"包含在数据集中，用于定义元素的图形表示；可将它们视为应用程序的 CAD 标准。

- "类别"是对元素主标题的描述。
- "样式"是"类别"内的样式集合。

包含"类别和样式"的预定义数据集可从全球各地区的 Bentley 网站下载。

可从主菜单栏访问"类别和样式"：

- "建筑系列 > 类别样式"。
- 各个应用程序的视图显示如下。

提示：Bentley Electrical 不使用"系列和部件"概念。

Mechanical "类别样式"示例：

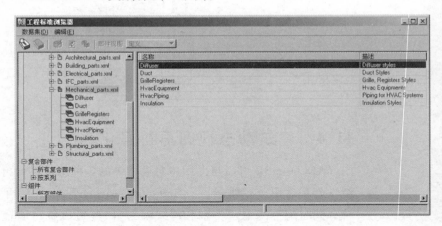

部件视图

选择"部件"后，在"部件视图"的各项选择中便会看到关于几何图形表示方式的所有信息。

部件视图：定义

"定义"选择用于控制元素在三维模型中的表示方式以及对于层、颜色、线宽和尺寸的提取。

部件视图：图纸线符

"图纸线符"选择用于控制元素在绘图中的表示方式以及元素与其他同类型元素的反映方式，这就是所谓的一体化。

部件视图：剪切图案

"剪切图案"选择与元素在绘图中的剖面线绘制方式有关。

部件视图：中心线线符

借助于"中心线线符"选择，不但可以使用标准线型在元素上显示中心线，还可以使用自定义线型来显示。例如，可创建自定义线型来表示木结构或防火墙。

部件视图：渲染特性

"渲染特性"选择用于将部件定义为在放置时具有渲染特性。

提示：更多有关"系列和部件"的深度内容，将在 AECOsimBD Mechanical——高级用户自定义课程中加以介绍。

11.6　数据组系统

"数据组系统"专门用于管理用于建模、绘图、计划的应用程序以及用户定义的建筑对象和实例数据。在某种意义上可以说是用于管理与模型中的三维对象相关的全部非图形信息。

该系统具有添加自定义信息并将用户可定义的属性应用于二维/三维文件中几乎所有属性的功能。"数据组系统"可管理所有这些数据，以进行计划和报告导出。

"数据组系统"概念

在着手建模工作时，设计团队常采用一组熟悉的放置工具来构建模型和完成设计。设计团队可能使用各种门、窗和空间规划工具；设备团队可能组合使用管道、槽和楼梯命令；结构团队可能使用一些梁、柱和底脚工具。

各专业领域的设计团队都需要一个可根据需求为模型分配数据的系统。通过"目录"可对各项按类别进行整理。

- 数据将被分配给各项。
- 项目数据由称为"数据组定义（架构）"的模板进行格式设置。"多数据组"可用于定义连接到某个项的数据，一般指系统数据和用户定义的数据。
- 各项通过目录进行整理。

AECOsimBD 数据集是一个含有各种建筑系统库和设置的完整文件夹组，用户可以根据自身需求进行修改。

在 AECOsimBD 中，一些目录已链接至放置工具。例如，"放置门"工具会自动在"门"目录中查询定义。

数据组计划和报告

"数据组系统"专门管理用于建模、绘图、计划的应用程序和用户定义建筑数据。

界面上提供了两组与数据组系统配合使用的工具。

- 数据组定义编辑器。
- 数据组目录编辑器。

数据组定义编辑器

"数据组定义编辑器"是随应用程序软件提供的独立应用程序。该管理工具用于创建、修改和格式化数据组定义。"数据组定义"包含连接到某项的属性列表和属性类型。可通过"建筑系列"下拉菜单访问"数据组定义编辑器"。

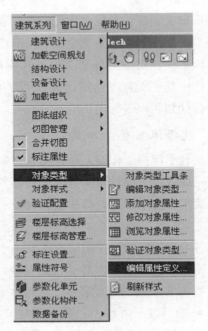

由于该工具面向管理且不在本课程范畴内，因此，本模块练习中使用的数据组定义将采用之前格式化的定义。

数据组浏览器

"数据组系统"工具框中的工具用于管理数据组目录类型、项、实例、特性、值和定义。"数据组浏览器"可用于查看模型中所有对象的数据组特性。

此外，用户还可以查询现有目录项数据，根据现有数据组目录类型创建新的数据组报告，同时针对现有报告内的新数据组目录定义、目录项和目录实例管理相关报告。

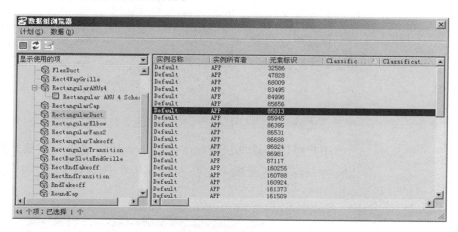

用户还可以在"数据组浏览器"中编辑数据。例如，用户可以向门添加门标识号。具体操作方法是在"数据组浏览器"中选择项，然后右键单击并选择"编辑"。

提示："编辑"仅在选定对象位于激活文件中时可用。参考元素不能以这种方式进行编辑。

在选择编辑某项时，用户可以修改该对象的任何数据组值，这一点与使用"通用修改"工具进行编辑时相同。

用户还可以同时从"数据组浏览器"中选择多个项目并向它们添加数据。若需要向建筑中某一楼层的全部门添加典型的门框饰面材料，这一操作十分有用。

AECOsimBD 提供各种预配置计划，可简化生成项目常规报告的过程。这些计划在各个"数据组类别"下列出。

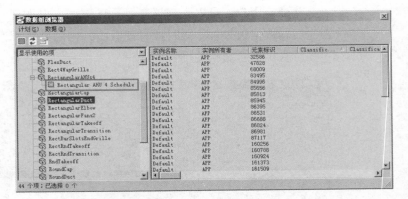

用户可以将计划快速导出至电子表格以便进一步格式化，或者也可以将计划连接到图纸中。在左侧面板中选择计划，然后选择"数据 > 导出"。

该操作会以选定格式导出数据并打开相应的应用程序。

LOUVER SCHEDULE						
MARK	FRAME			TYPE	FINISH	
	WIDTH	HEIGHT	DEPTH			HEAD
	1727mm	3912mm	260mm			
	1727mm	3912mm	260mm			
	2700mm	1800mm	100mm			

提示：用户还可以创建格式设置符合公司标准的自定义计划。具体内容将在 AECOsimBD Mechanical——高级用户自定义课程中加以介绍。

11.7　在建筑动态视图中使用图纸规则

在 Mechanical 建筑动态视图中，Mechanical 图纸规则用于在管网和管道上自动放置标签，以实现再符号化。再符号化可以改变构成抽图的二维图形的外观。流量指示器单元、设备单元和中心线等添加图形的外观也可以按图纸规则进行再符号化。图纸输出的单线表示由规则来确定。

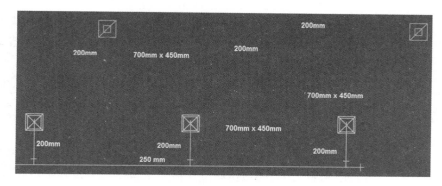

在此绘图中，Mechanical 图纸规则将被用于在管网上放置标签并将管网表示为单线。

图纸规则

"图纸规则"系统已集成到"动态视图"系统中，以便将各个动态视图与其特有的图纸规则一同存储。动态视图创建完成后，图纸规则会显示在"视图属性"对话框的"建筑"面板中。

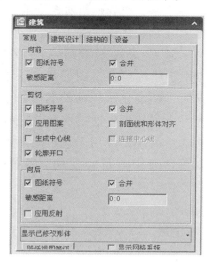

"设备"选项卡中提供了几个实用设置,可对应用于建筑动态视图的 Mechanical 图纸规则进行管理。此外,"设备"选项卡中还提供了一个工具栏,其中包含如下几个重要工具。

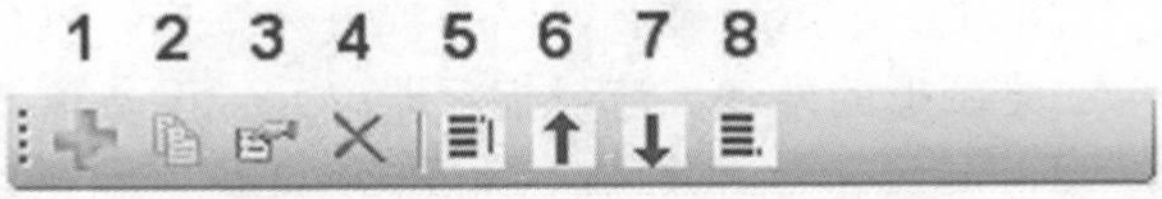

- 工具 1:应用新规则。设计师可借助于该工具将预定义规则连接到建筑动态视图。该工具将打开"图纸规则(基本)"对话框。设计师可在该对话框中选择预定义的图纸规则并创建新的图纸规则定义。
- 工具 2:复制规则。将选定规则的副本添加到建筑动态视图中。该工具将打开"图纸规则(基本)"对话框。设计师可在该对话框中更改规则及其条件。
- 工具 3:编辑规则。打开"图纸规则(基本)"对话框,其中选定的规则呈高亮显示状态。借助于该工具,设计师可更改规则定义,也可更改应用规则时须满足的规则条件。
- 工具 4:卸掉规则。从建筑动态视图中移除选定的规则。卸掉规则时并不会删除规则定义。

规则序列工具:确定规则的应用顺序十分重要。一旦某对象满足条件且相应规则被处理后,其他规则便不会再对该对象进行评估。

- 首先移动:将规则移至列表顶部,这是应用的第一个规则。
- 上移:将规则朝列表顶部上移一个位置。
- 下移:将规则朝列表底部下移一个位置。
- 最后移动:将规则移至列表底部,这是应用的最后一个规则。

应用于建筑动态视图的规则会在"设备"选项卡规则列表中列出。同时,还会显示规则的名称和条件。在"激活"列中,每个规则对应一个复选框。通过这些复选框可以打开或关闭规则。实际上,只会将选中的规则应用于建筑动态视图。未选中的规则将不予应用,但可供设计师在需要时使用。这样便可充分利用动态视图的动态特性。

打开/关闭图纸规则

- 在"项目浏览器"中打开先前创建的图纸 M – HVAC FLOOR 1。

- 从"组图"任务中选择"设置参考表示"。

- 选择参考视图，并输入数据点以表示接受。然后，用户可以对建筑视图的显示方式进行修改。

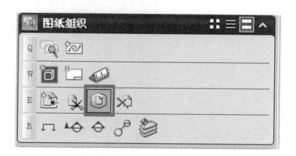

- "参考表示"窗口将会打开。其外观与"视图属性"窗口类似；不同之处在于，它用于控制所保存的参考视图的属性。理解此概念是成功使用"建筑视图"的基本要求。

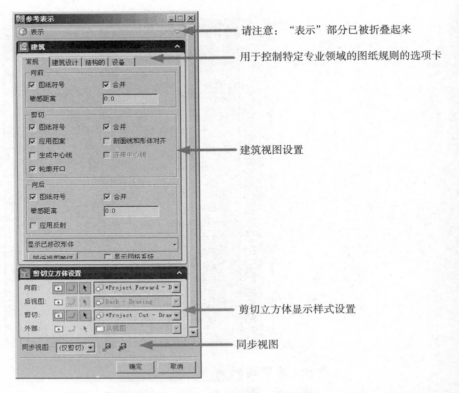

请注意："表示"部分已被折叠起来

用于控制特定专业领域的图纸规则的选项卡

建筑视图设置

剪切立方体显示样式设置

同步视图

- 单击"设备"选项卡以显示可用的图纸规则。关闭如下规则
"Duct：Supply New – Double"。

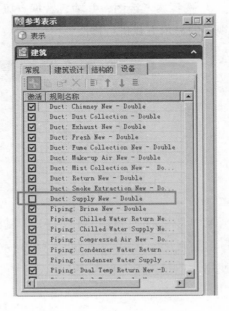

- 单击"确定"。

提示：送风管标签已不再显示。

为模型中的对象添加标签时，应用自动图纸规则可以节省大量时间；但是，不一定会将"数据组注释"正好放置在准确的位置上。有时，注释可能会覆盖图纸中的其他对象，此时需要移动注释。

- 要移动注释单元，只需将其选中，然后即可使用移动工具进行移动。移动注释时，要注意维持它们与其链接到的对象之间的关系。这样一来，无论对象发生什么更新，都会对注释标签进行自动更新。

隐藏注释

用户也可以选择隐藏各个注释标签，使其不在图纸中显示。

- 要隐藏注释标签，需要先将其选中，然后右键单击并选择"隐藏注释"。

- 要使注释重新出现，请先选择链接到注释的组件（"风管""散流器"等），然后单击鼠标右键并选择"显示注释"。

11.8 创建新规则

通过选择"连接新规则",或者在选择当前规则后选择"编辑规则"工具,可从"参考表示"对话框的"建筑视图设置"中的"机械"选项卡中打开"图纸规则"对话框。"图纸规则定义"对话框可从"图纸规则"对话框中打开,用于实现图纸规则的实际创建、复制和编辑操作。

"应用图纸规则"对话框分为两个部分。上部用于处理"条件",下部用于管理规则。为视图分配规则时,需要定义条件并选择规则。选中"添加到视图"按钮后,可将规则和条件填充到"图纸规则"列表框的"机械"选项卡中,也可将规则用于建筑动态视图中。

当前,有七类条件可在 Mechanical 图纸规则中使用。它们分别是"全部""建筑元素(数据组)""部件和系列""条件集""已保存查询的结果""选择集"和"分组条件集"。

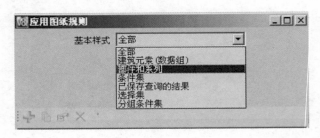

● 全部：将图纸规则应用到所有 Mechanical Building Designer 组件中。

● 建筑元素：建筑元素条件取决于规则中定义的建筑元素。例如，如果某规则针对风管建立，则设置完"建筑元素"的条件后，会将该规则应用于所有风管。

● 类别/样式：使用"系列和部件"列表框选择要应用图纸规则的部件定义。

● 条件集：使用此列表框选择条件集，然后使用"浏览"按钮选择将为其分配规则的条件文件。

"条件集"中的条件利用了"按属性选择"实用工具。可使用该选项根据数据组系统、数据组属性和建筑属性（包括系列和部件）生成条件。

选择该选项后，"条件名称"和"条件文件"选项将变为可用选项。如果使用"按属性选择"创建了一个条件并予以保存，则可通过如下方式选择该条件：浏览至条件文件，然后从下拉列表中选择该条件的名称。

● 已保存查询的结果：使用"浏览"按钮从要为其分配规则的可用文件中选择 EC Query xml 文件。查询文件中保存有预定义的分组条件。

● 选择集：利用选择集将图纸规则有选择地应用于当前模型中的组件数。

● 选定元素 ID：显示将应用图纸规则的组件的元素 ID。

● 分组条件集：使用该列表框选择分组条件，并使用"浏览"按钮选择要为其分配规则的分组条件文件。

选择此选项后，"分组条件"和"条件文件"选项将变为可用选项。如果使用"按属性选择"创建了一个条件并予以保存，则可通过如下方式选择该条件：浏览至条件文件，然后从下拉列表中选择该条件的名称。

提示：条件集是使用"按属性选择"工具创建的。条件集存储在文件扩展名为 .RSC 的资源文件中。

用户可以在"图纸规则"对话框的下部管理这些规则。

利用"新建""复制规则"和"编辑规则"工具可以打开"图纸规则定义"对话框。

针对"设备"的"图纸规则"对话框除包含"名称"和"描述"字段之外，还包含"线符"和"属性标签"两个选项卡。

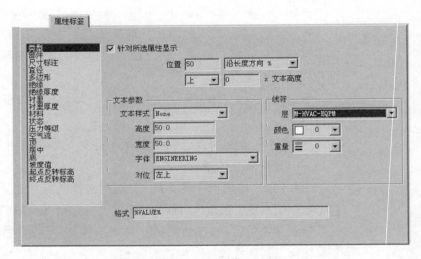

下面汇总了"图纸规则定义"对话框中的各项设置。

• 规则名称（必填）：设置在"图纸规则"对话框中以及"建筑"面板的"建筑"选项卡中显示的规则名称。

• 描述（可选）：设置规则函数的简单描述。

"线符"选项卡：启用"单线图形"后，控件的"单线符"组才会可用。对在各个 Mechanical Building Designer 组件中以二维平面符号形式存储的中心线元素进行再符号化，由此可生成单线绘图。

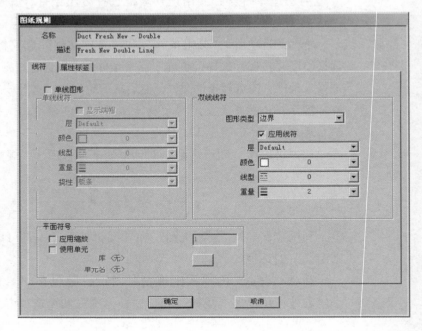

- 显示终端封头：启用后，可将断开的连接再符号化为闭合连接或封头连接。关闭后，将对断开的连接进行再符号化，使其显示为开放连接或无封头连接。终端封头在单线模式下显示为短线。
- 层：设置可见线的层。
- 颜色：设置单线的颜色。
- 线型：设置单线的线型。
- 线宽：设置单线的线宽。
- 挠性：将重新符号化的挠性的外观设置为常见线型。
  - 板条：在两个连接点之间使用板条线型再符号化挠性。
  - 单线：挠性外观保持抽取状态，但会根据线符设置进行再符号化。
  - Z 形插孔：使用 Z 形图案再符号化挠性。使用"宽度"和"高度"设置来设定 Z 形插孔的尺寸。

将"挠性"设为"Z 形插孔"后，使用"高度"和"宽度"设置来定义 Z 形插孔属性。

  - 弧：在两个连接点之间使用弧再符号化挠性。使用"方向"和"弧高度"设置来设定弧特征。
  - 可用的"方向"设置有"右"和"左"。"弧高度"用于设置弧的最高点到两个连接点之间的直线的距离。

取消选中"单线图形"复选框后，该选项卡"双线符"一侧的内容将激活。图形元素在各个 Mechanical Building Designer 组件中被存储为与六个标准视图方位（顶、底、前、后、左和右）相对应的二维平面符号，通过对这些图形元素进行再符号化可生成双线图。

- 图形类型：双线规则可以包含多组线符定义，每组线符定义均针对一种不同的图形类型进行再符号化。选中"线符"复选框可激活针对各个图形类型的线符设置。取消选中后，线符将恢复为基本的部件定义设置。

双线的图形类型设置如下：

  - 边界：激活可见侧和可见边的线符设置。
  - 中心线：激活中心线的线符设置。
  - 绝缘体：激活绝缘体的线符设置。
  - 衬里：激活衬里的线符设置。
  - 符号：激活空气流符号的线符设置。

- 应用线符：启用后，可操作所有图形类型的线符设置。
  - 层：设置双线的层。
  - 颜色：设置双线的颜色。
  - 线型：设置双线的线型。
  - 线宽：设置双线的线宽。
- 平面符号：启用后，将激活"浏览"按钮，借助于此按钮可在模型中通过"单元拾取器"对话框将单元设置为平面符号。
  - 库：显示选定单元库的名称。
  - 单元名称：显示选定单元的名称。
  - 比例：设置当前用作平面符号的单元的比例因子。

11.9　属性标签

"图纸规则属性标签"选项卡包含用于控制 Mechanical Building Designer 标签线符的控件。可将有关部件/系列、尺寸标注/直径、绝缘体/衬里、状态、材料、压力级别和空气流的组件信息连接到重新符号化的图形。

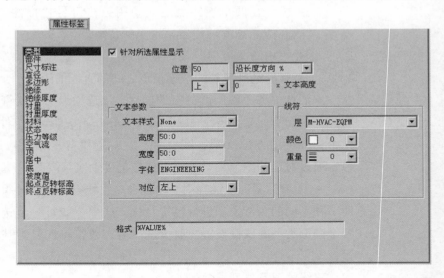

"属性"列表显示用于描述 Mechanical Building Designer 组件的可用构件属性。

- 显示选定属性：启用后，选定属性的设置变为激活状态。现在，将以星号标识该构件属性。
- 位置：控制标签相对于重新符号化的 Mechanical Building Designer 组件的位置。

- 构件长度的 %：输入百分比以沿着重新符号化的组件的长度轴来定位标签。从组件的起点（端点 1）开始计算值。
- 距离端点 1 的长度：输入数值以沿着重新符号化的组件的长度轴来定位标签。从组件的起点（端点 1）开始计算值。
- 距离端点 2 的长度：输入数值以沿着重新符号化的组件的长度轴来定位标签。从组件的终点（端点 2）开始计算值。
- 标签偏移：通过选择方向并输入值来控制标签的中心线偏移距离。
- 上：将标签置于重新符号化的组件的上方。
- 下：将标签置于重新符号化的组件的下方。
- ×文本高度：输入数值以设置在重新符号化的组件上方或下方放置标签时所需的偏移值。
- 可以在"文本参数"部分控制标签中所用文本的外观。
- 文本样式：从列表框中选择可用的文本样式。使用"文本样式"工具来加载或创建样式。
- 高度：输入标签文本高度的数值。
- 宽度：输入标签文本宽度的数值。
- 字体：从列表框中选择可用的字体。
- 对位：设置 Mechanical Building Designer 标签中所用文本的对齐方式。此对齐方式设置与标签偏移无关。
- 可以在"线符"部分控制标签中所用文本的线符。
- 层：设置标签的层。
- 颜色：设置标签的颜色。
- 线宽：设置标签的线宽。
- 格式：标签创建完成后，可在"格式"文本字段中添加用户定义的说明性内容。对此字段中可键入的内容没有任何限制。按图纸规则生成的属性标签为〈% VALUE%〉形式。两个部件尺寸标签是分开的〈% VALUE% x % VALUE%〉。此格式也支持 % SHAPE% 关键字。如果需要，可为字符串附加 % SHAPE%，这样会将形状符号添加到生成的字符串中。矩形风管不带符号。

☞ **练习：创建和应用新的风管注释规则**

- 打开绘图文件 M－HVAC Floor 1。此文件是在前一个练习中创建的文件。

- 从"组图"任务列表中选择"参考表示"工具。
- 单击 HVAC 平面图参考的任意位置，并单击鼠标左键以接受命令。"参考显示"对话框随即打开。

将创建用于显示管网顶部高程的规则。

- 在"参考表示"对话框的"建筑"部分，单击"机械"选项卡。

- 单击"连接新规则"按钮（绿色加号）以打开"图纸规则"对话框。
- 在"图纸规则"对话框中，单击"添加新规则"以打开"图纸

规则定义"对话框。

- 在"图纸规则定义"对话框中，按下图中的所示内容填充信息。

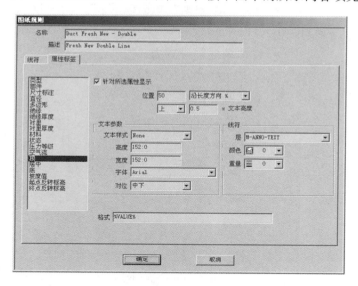

- 规则名称：Duct：Supply New – Elevation。
- 描述：Top of Duct Label。

"属性标签"选项卡：

- 选择"顶部"。
    - 打开"显示选定属性的属性"。
    - 位置：50% 沿长度。
    - 高于 0.5 × 文本高度。

- 文本参数。
  - 文本样式：无。
  - 高度：152。
  - 宽度：152。
  - 字体：Arial。
  - 对位：中下。
- 线符。
  - 层：M – ANNO – TEXT。
  - 颜色：0。
  - 线宽：0。
- 格式。
  - % VALUE%。
- 单击"确定"以关闭"绘图规则定义"对话框。
- 在"图纸规则"对话框中，选择我们刚刚创建的规则 Duct：Supply New – Elevation。
- 将"条件"设置为：
  - 基本样式：部件和系列。
  - 系列：Duct。
  - 部件：Supply – New。
- 单击"添加到视图"按钮。

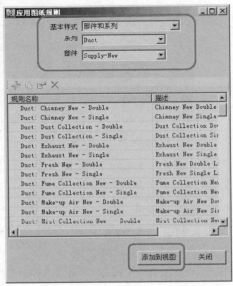

- 单击"关闭"以关闭"图纸规则"对话框。
- 在"参考表示"对话框的"机械"选项卡中，现在"规则"列表中将显示规则 Duct：Supply New – Elevation。随后打开此规则。
- 当动态视图重新计算时，请单击对话框底部的"确定"并等待。Supply – New 管网将带有风管顶部高程标签，现在每个 Supply – New 风管上均会显示这种标签。

11.10 数据组注释单元

"注释工具设置"对话框不仅用于修改线符（颜色、线型、线宽）和更改注释符号图形所在的层，还用于将其他单元替换为注释图形。

11.10.1 选择默认的数据组注释单元

通过"建筑系列"菜单打开"注释工具设置"对话框。

打开后，用户可以通过单击" + "图标，在该对话框的左侧列表中展开"数据组注释"部分。将打开一个包含当前数据组目录的列表。

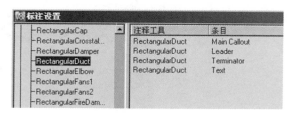

选择其中一个数据组目录后，默认注释单元的设置将显示在右侧面板中。通过这些设置可以控制数据组注释单元的外观，其中这些单元是利用"数据组注释"工具或 Mechanical 动态视图规则进行放置的。

设置面板上共有四行，每行对应一个数据组目录，即"主标注""引线""端符"和"文本"。

通过"主标注"行可以选择注释单元，以及选择是否使用单元的线符设置、按层线符、激活线符设置或者层、颜色、线型和线宽的各个替代项。

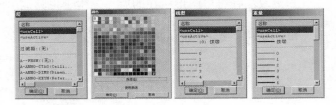

这些单元同时存储在一个单元库中。

提示：利用单元列表右上角的黑色小箭头可以打开/关闭单元的预览窗口。

借助于"引线"和"端符"，可指定在使用"数据组注释"工具放置注释时可以放置的引线和端符。

通过"文本"设置可以指定注释单元中所显示文本的线符和字体。

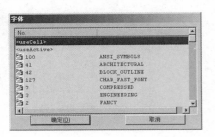

用户在"注释工具设置"工具中设定的设置将被存储在名为 annota-tionoverides. xml 的 XML 文件中。默认情况下，该文件存储在项目数据集中，以便参与项目的每个人都使用统一的注释设置。

☞ **练习：替代数据组注释单元的外观**

- 打开绘图文件 M – HVAC Floor 1。
- 通过"建筑系列"菜单打开"注释工具设置"工具。
- 展开对话框左侧列表中的"数据组注释"。
- 从列表中选择"矩形风管"。
- 请检查这些设置。
- 单击"确定"以应用所有更改并关闭对话框。

11. 10. 2　管理数据组注释单元

管理组注释单元用于在绘图上提供注释，所提供的注释以存储在模型元素上的信息为基础。可使用注释单元放置哪种信息类型取决于选定的目录以及在此目录中定义的信息类型。"管理数据组注释单元"工具用于创建和修改数据组注释单元。

"管理数据组注释单元"工具可通过"建筑系列"菜单进行访问。

选中该工具后，将打开包含数据组注释单元的单元库，同时还将打开"管理数据组注释单元"对话框。

利用该对话框顶部工具栏中的图标可以创建新注释单元、复制现有注释单元、查看当前单元的模型属性、删除当前单元以及设置单元原点。

在该对话框的"单元属性"部分将列出当前库以及当前注释单元的名称和描述。要切换到其他注释单元，请使用"当前注释单元"中的下拉选项以选择其他单元。

该对话框的左下部分有一个下拉选项，其中列出了当前注释单元可关联至的可用数据组目录。每个单元只能与一个目录相关联。将链接到数据组信息的一段文本放置在单元中后，将无法更改注释单元类型。

　　显示该对话框的"数据组信息"部分列出了选定目录中可通过注释单元进行报告的可用数据类型。要在链接到数据组信息的单元中放置一段文本：

- 请选择想从列表中放置的信息类型。
- 请选择要放置的文本格式。

　　格式选项具体取决于选定的数据类型。这些选项包括：

- 整型：整数。
- 字符串：文本串。
- MU – SU：以主单位 – 子单位计量且不带标签的尺寸标注显示。
- MU 标签 SU 标签：带有主单位、主单位标签、子单位及子单位标签的尺寸标注显示，例如 2m30cm。
- MU 标签 – SU 标签：带有主单位、主单位标签、短划线及子单位标签的尺寸标注显示，例如 2m – 30cm。
- MU：仅以主单位显示的尺寸标注。
- SU：仅以子单位显示的尺寸标注。
- 双精度型：带有小数位的数值。
- DD MM SS：以度、分和秒计量的角度。
- DD. DDDD：以度计量的角度。
- 面积优选项：为显示面积而采用的基于用户优选项的面积尺寸标记。
- 自定义：可处理原始数据组数据的 VBA 项目、模块和程序。将数据组属性中的值作为键入命令参数送到宏中，通过宏进行处理后，再将其反馈至注释单元。"高级空间标签"是此类注释的一个示例。

● 请选择要在单元中采用的文本字符串长度。

提示：如果数据超出此长度，则在放置注释单元后，该单元会将此数据替换为一系列散列标签"#####"。如果数据为空，则文本将被替换为一系列下划线"_____"。

● 如果数据类型为带有小数位的数值，则从精度下拉选项中选择要显示的小数位数。

● 单击"放置文本"以在单元中放置占位符文本字符串。文本将通过激活文本设置进行格式化。用户可以在放置文本后修改其属性。

用户可以将完成注释单元所需的任何几何图形包括在内。对于任何其他单元，全局原点（ACS 三向标的位置）将成为注释单元的放置原点。由于注释单元是按绘图的注释比例进行缩放的，因此，应以打印时想要显示的尺寸来绘制注释单元。

12　AECOsimBD 建筑设备：给排水

模块概述

　　本课程旨在指导用户使用 Bentley AECOsimBD Plumbing 的基本功能进行建筑信息建模（BIM）。借助于 Building Designer Plumbing，用户和系统管理员可以对交付的数据进行自定义，以便应用于自己的公司标准、项目标准或两者的组合。

模块先决条件

- 具备 MicroStation V8i 的相关基础知识。
- 了解给排水设计。
- 具备三维设计的相关基础知识并对其有基本的了解。
- 会使用"精确绘图"及其键盘快捷键。

模块目标

　　完成对本课程的学习后，用户将能够：

- 创建 Plumbing 系统的三维模型。
- 根据楼层平面图布置管道。
- 使用"精确绘图"在模型内精确地放置管道。

12.1　文件组织

☞ 练习：创建新的设计文件

- 在"文件管理器"中，按如下所示设置"工作空间"：
  - 用户：Building Designer。
  - 项目：Building Book Sample。
  - 界面：default。

- 创建新的设计文件 – Plumbing. dgn。

12. 2　管道

现在，开始为一直使用的地面层构建 Plumbing 模型。在设计过程中，需要使用大量不同的洁具组件来完成模型。

Building Designer 提供了两种最常用的管道形状：

- 圆管。
- 弯管。

12. 3　类别和样式

放置管道时，使用"类别和样式"对话框来放置不同的系统类型，这一点至关重要。样式用于控制管道的线符（"层""线宽""线型""颜色"）；"数据组系统"用于控制管道的尺寸和特性。

设置完"Building 基本菜单"对话框后，便可以选择想要放置的管道类型并设置管道尺寸。

提示：请记住，当"锁"处于激活状态时，管道始终放置在当前 ACS 层。由于在不同的视图中可以定义不同的 ACS，因此请务必检查各个视图中的激活 ACS。

12. 3. 1　管道参数

放置管道时，"属性对话框"用于设置管道的属性，如宽度、深度、端点类型的信息和其他特性（如材料和绝缘情况）信息。

若在布置管道过程中减小或增大管道尺寸，Building Designer 将自动放置过渡连接件。在拐角处布置管道时，会自动放置弯头等拟合件。

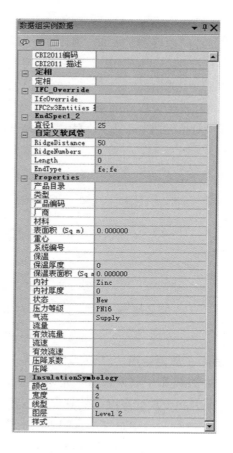

12.3.2　放置组件工具设置

放置管道时，可以使用"工具设置"来匹配现有管网的属性。

- 样式/类别：选中后，会将选定组件的部件和系列定义分配给新组件。
- 尺寸：选中后，新组件会与选定组件的端点对齐。
- 形状：选中后，新组件会自动调整尺寸以匹配选定组件的端点。
- 交换：选中后，现有组件会替换为激活组件。

● 使用围栏：选中后，围栏中的所有现有组件均会替换为激活组件。该选项菜单用于设置"围栏（选择）模式"。

● 应用坡度：选中后，系统会将最近完成的坡度设置应用于当前放置在管线中的组件。

此外，还可以在将管道放置到模型中时设置其对齐点（"对位"）。选择"对位"按钮将显示可用的放置点。

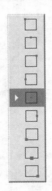

☞ **练习：放置管道**

● 在模型中放置管道。先单击一个数据点以定义管道的起始位置，再单击另一个数据点以定义其终止位置。

● 继续向系统布局示意图中添加管道段。

提示： 可以在执行命令的过程中调整管道的尺寸或形状，且会自动插入所有需要的变径。

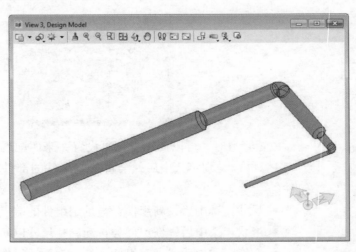

默认自动连接选项

可以对 Building Designer 向管道插入弯头或变径时所使用的默认拟合件进行特性设置。可为默认拟合件设置特定的半径和端到端的长度。

要设置管道的"默认连接件"选项，需要从"洁具设计"任务中选择"弯头"工具。

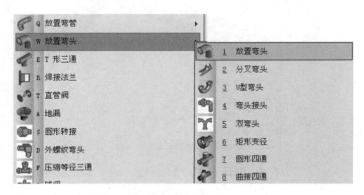

- 在"数据组实例数据"框中，右键单击并选择"设为默认连接件参数"。再次将弯头插入管道线路时，会使用所设置的所有特性（半径、长度 1 和端点类型等）。

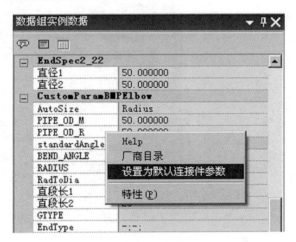

☞ **练习：放置管道**

- 放置更多管道。

提示：自动插入的弯头将使用上文定义的自动拟合选项。

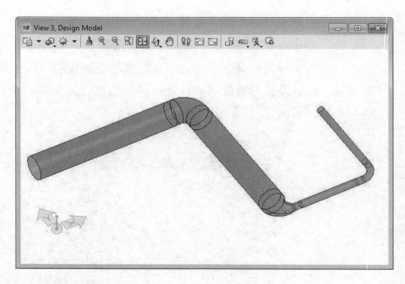

自动连接件选项

同样，也可以将管道的端点类型定义为"自动拟合"。

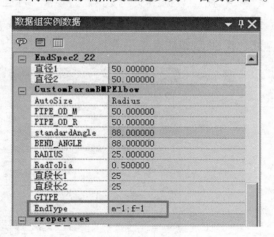

"EndType"选项采用以下格式：

- "m –"代表外螺纹端，"f –"代表内螺纹端。
- 数字表示法兰深度。因此，m – 1、f – 1 表示带有外螺纹端和内螺纹端且两端的法兰尺寸均为 1m 的管道。

12.4 操作构件

可在各个"洁具"管道任务界面中找到用于操作和修改管道元素的工具。

12.4.1　伸缩管道

"伸缩管道"命令的作用与 Building Designer "伸缩直线"命令相似。可以通过拉伸现有构件或通过添加新构件并与现有构件连接来增加长度。

☞ **练习：拉伸管道**

- 使用"拉伸管道"工具在模型中加长或缩短管段。

12.4.2　打断管道

"打断管道"与 Building Designer 的"部分删除"工具非常相似，用于将一段管道截成两段。各个管道成为各自的独立元素并保留各自的信息。

除了将管道截成两段外，它还能将一段较长的管道截成标准长度。该功能在布置管道的精确长度以实现制造目的时甚为有用。

"打断"设置：

- 动态：打断的尺寸通过数据点进行交互确定。
- 标准：选中后，键入要应用到选定组件的标准长度。标准长度的起点位于距离第一个数据点最近的一端。
- 合并共线：扫描穿过公用线的互连管道，并将它们合并为一段。

☞ **练习：打断管道**

- 使用"打断管道"在模型中打断管段。
- 练习使用"标准方法"将管道截成等长的管段。
- 使用"合并共线"合并各管段。

12. 4. 3   连接工具

该工具常用于连接之前放置的两段管道。将管道连接到一起后，可根据情况插入单个拟合件或组合拟合件。

☞ **练习：连接管道**

- 使用连接工具连接两段管道。管道必须位于同一高度方可进行连接。

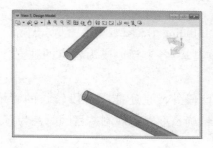
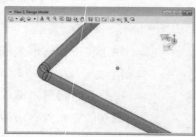

使用分支接头连接管道

"连接管道"还可用于连接两个不同尺寸的管道。分支接头将被插入到管道中，并自动适应尺寸较小的管道。

- 要利用分支接头连接管道，请在"连接工具设置"对话框中将方法更改为"利用分支接头连接"。
- 选择将从主管道分支出来的管道。
- 然后选择主管道。

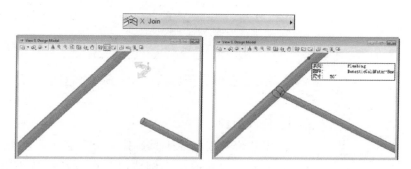

12.4.4　移动组件

通过该命令，用户能够动态地移动洁具组件和所有连接的组件，同时维护它们之间的连接状态。

12.4.5　应用坡度工具

"应用坡度"操作工具提供了一些用于定义坡度处理的灵活控件。该工具可将坡度按设定坡度限制分段动态地应用至管道的各个管段或整个管道线路。

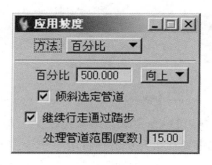

12.4.6 修改组件

"修改组件"命令位于主工具中。该命令用于修改管道、设备构件。在修改操作过程中，"数据组系统"信息可在"在位编辑编辑视口"视图或"数据组实例数据"对话框中进行修改。

修改管道长度时，可更改尺寸、类型和对位。

☞ **练习：修改组件**

- 使用"修改组件"工具选择一个管道。
- 随即显示"数据组实例数据"框以及待修改组件的"在位编辑编辑视口"隔离视图。

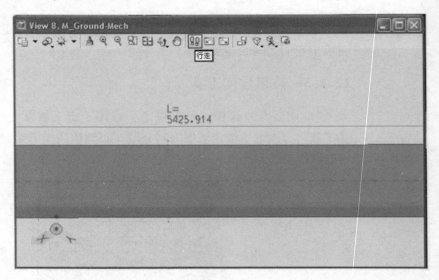

- 可以在"数据组实例数据"框中更改管道尺寸或直接在"在位编辑编辑视口"中选择特定尺寸。
- 左键单击视图提交更改内容。

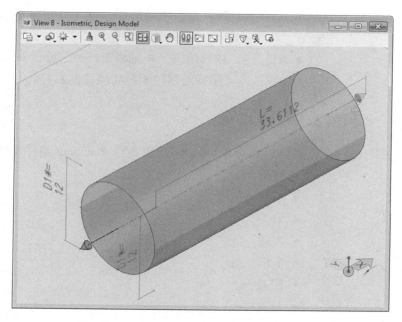

- 此时会注意到，需要重新调整其他支管的尺寸以匹配新的管道尺寸。为此，请使用"精确绘图"快捷键 RS 来重新调整整个支管的尺寸。

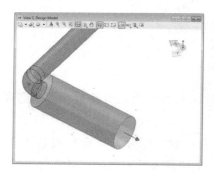 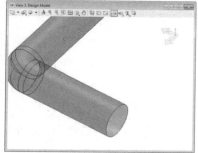

12.5　Plumbing 精确绘图快捷键

有时需要旋转拟合件使其实现正确定向，或需要设置拟合内联。"精确绘图"快捷键可帮助用户在应用程序中放置拟合件和其他多数对象。

- RI：在建立端点连接后，将组件设置为内联动态放置模式。放置后，父风管/管道会截断以适应内联组件。
- RR：通过切换连接点对 Mechanical Building Designer 组件进行重新定向。

- RS：重新调整连接组件的尺寸以反映组件修改期间发生的尺寸更改。
- RT：绕"精确绘图"X 轴将组件向左旋转 90°。
- RW：绕"精确绘图"X 轴将组件向右旋转 90°。

12.6 连接件

在 AECOsimBD 中，可放置各种 Plumbing 组件及拟合件，例如：

- 管道。
- 过渡连接件。
- 弯头。
- 三通。
- Y 形三通。
- 四通。
- 分支接头。
- 跨越管。
- 软管。
- 转接头。
- 封头。
- 椭圆连接头。
- 椭圆软连接。

可在放置拟合件时编辑各种数据组参数，如制造商名称、弯头角度或过渡连接件尺寸。

在放置弯头等拟合件时，拟合工具会在放置工作流程中自动启动"修改拟合"工具。参数经输入且由数据点接收后，该工具将重置。

12.7 喷淋头和堵头

在许多 Plumbing 工作流程中，用户都需要在布置管道前将喷淋头放置在工作区域，而 Bentley Building Designer 可使该过程变得轻松而简单。

"构件属性"对话框可帮助用户控制所放置对象的尺寸和属性，以及选定对象的所有特性。

12.7.1　喷淋头

☞ **练习：设置新的喷淋头尺寸**

本练习旨在说明如何使用"放置喷水器"工具和设置属性。

- 在"楼层选择器"中将"激活楼层"层设置为"顶层办公室 2"。

- 检查 ACS 锁是否已在第 3 步中激活。

提示： ACS 会移动至新高度。

- 从如下所示的"洁具设计"任务列表中选择"喷淋头"工具。

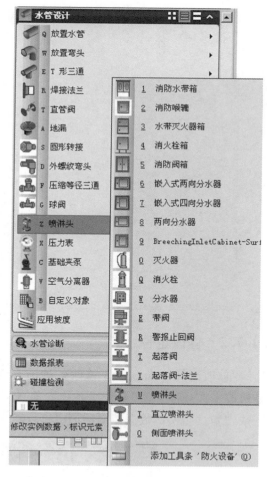

- 在"工具设置"对话框中设置以下内容：
  - 部件/系列：禁用。

- 方向：禁用。
- 尺寸：禁用。
- 形状：禁用。
- 交换：禁用。
- 在"Building 基本菜单"对话框中进行以下设置：
  - 类别：M – G5。
  - 样式：M – G501 Cold Water。
  - 属性会按数据集中所定义的内容进行自动更改。
- 在模型中放置一排喷水头。

12.7.2 修改组件

"修改组件"命令用于修改各种洁具组件。该命令位于主工具中。在修改操作过程中，"数据组系统"信息可在"在位编辑编辑视口"视图或"数据组实例数据"对话框中进行修改。

12.8 使用"数据组浏览器"管理数据

既然已在三维模型中放置了一些组件，就可以使用相关数据来创建一些报表。现使用"数据组系统"来帮助完成这项任务。

要查看模型中现有项的报告，可以使用"数据组浏览器"。

- 打开"数据报表"。

- 用户可通过"数据组浏览器"将"目录类型"分为"全部""使用"和"选择集"三类。

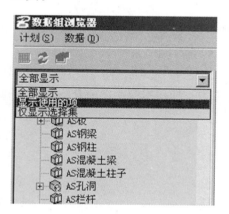

- 选择各目录类型后，将打开当前放置在模型中的组件列表。

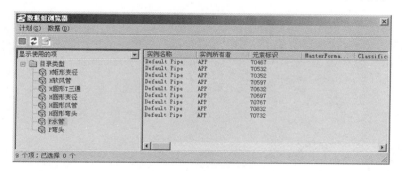

- 右键单击列表中的某一项，将会打开有关此项的选项。

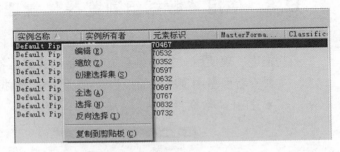

- 编辑：只要某一项位于激活文件中或参考文件处于激活状态，该选项即可用于修改此项。
- 缩放：根据选定项调整视图。
- 创建选择集：根据突出显示的项创建选择集。

☞ **练习：查看"数据组浏览器"**

- 打开"数据组浏览器"。
- 将视图更改为"显示已使用的"。
- 查看激活文件中的数据。

☞ **练习：使用本模块之前介绍的工具创建洁具设计示意图**

13 AECOsimBD 设计实例

13.1 "金土木"设计实例

北京金土木信息技术有限公司成立于 2003 年，隶属于中国建筑标准设计研究院。作为中国建筑设计研究院集团唯一一家高新技术企业，一直专注于 AEC 行业应用软件的研发和服务，积极推进以建筑信息模型（BIM）为核心的三维建筑设计软件的市场应用，开展三维协同设计软件的研发，提供全方位的技术咨询和培训服务；结合自身的专业技术和研发实力，积极参与编制由中国建筑标准设计研究院主编的两个 BIM 实施标准——《建筑工程设计信息模型交付标准》与《建筑工程设计信息模型分类和编码》，享有较高的行业知名度。

多年来，金土木公司本着"一切高标准"的原则，积极开展对外合作，与 Bentley 公司缔结战略合作关系，共同开发技术领先的建筑工程软件，以开放的视野和创新的技术引领行业进步，为建筑工程项目提供全生命周期的综合性信息技术解决方案，包括三维协同设计软件、BIM 相关技术咨询及培训服务。其中，产品涉及建筑、结构、桥梁、岩土工程等领域；客户广泛分布于建筑、电力、市政、冶金、石油、化工、水利、公路、铁路等行业设计院。

13.1.1 济南国奥城项目

软件平台：Bentley 专业软件 + PW 协同平台 + Navigator 校审软件。

项目特点：全专业 + 全过程 + 协同化。

完成内容：设计优化 + 施工模拟 + 工程算量。

主要成果：完成各专业间有效碰撞检测 800 余项，减少约 85% 的设计变更量；模拟施工，保证项目周期提前 3 个月完成施工；进行精确算量统计，提高了成本核算的准确性，节省成本约 10%。

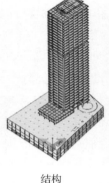

| 建筑 | 结构 | 设备 | 电气 | 总装 |

13.1.2　襄阳科技馆——未来之眼

襄阳市科技馆为襄阳市新建十大公共建筑之一，项目由襄阳市政府投资，襄阳市科学技术协会建设。

项目地上三层，地下一层，地下一层主要为科技影院、维修车间及库房、餐厅、机动车停车库和设备用房；地上主要功能为展厅、科研办公等。总建筑面积约为3.5万平方米。

软件平台：Catia + ABD + Rhino 等多种 BIM 设计软件综合应用。

项目特点：异形，传统 CAD 无法完成。

完成内容：设计优化 + 施工模拟。

主要成果：完成各专业间有效碰撞检测，极大地提高了设计的精确性；并利用 BIM 技术对施工方案进行模拟优化，有效地降低了施工的返工率。

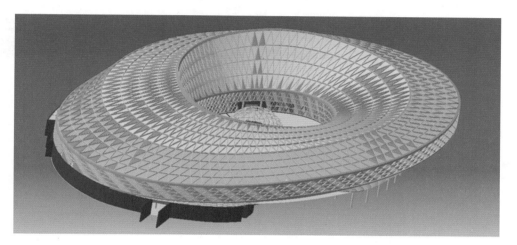

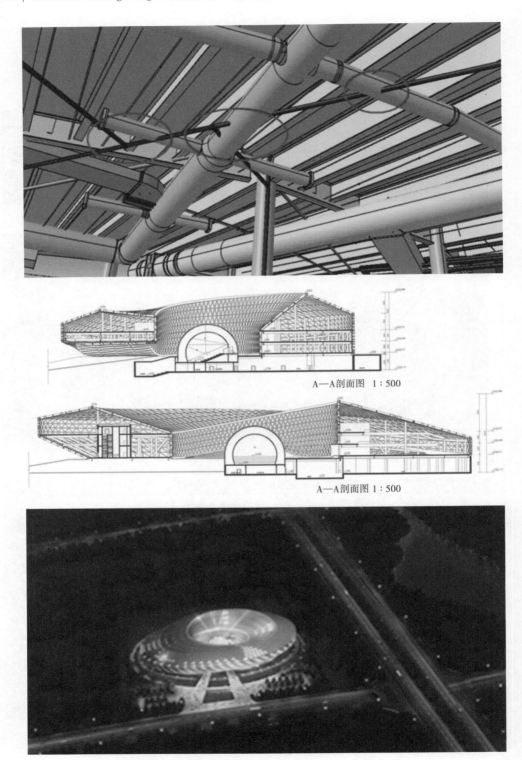

A—A剖面图 1：500

A—A剖面图 1：500

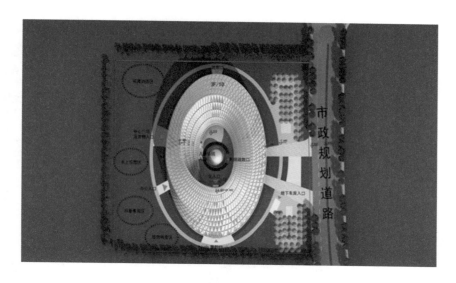

13.1.3　洛阳伊斯兰风情街项目

项目位于河南省洛阳市，总建筑面积为 648721m^2，其中地上为 530251m^2，地下为 121410m^2。包含住宅、商业和办公三大业态。

方案体现滨水性、回汉民族融合和生态性，以体现伊斯兰风情为主线。

全专业全过程采用 BIM 技术来进行设计。

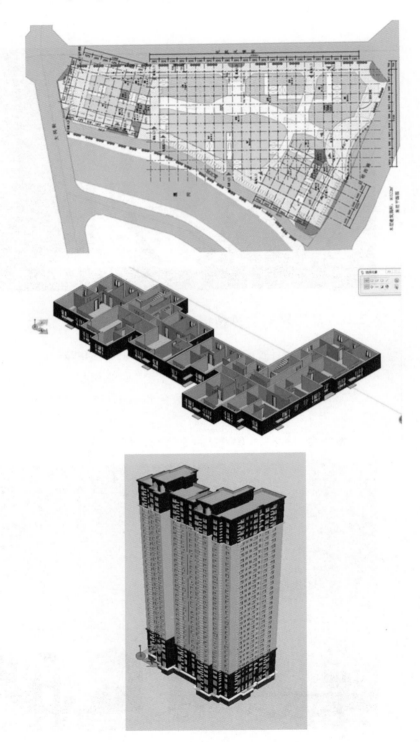

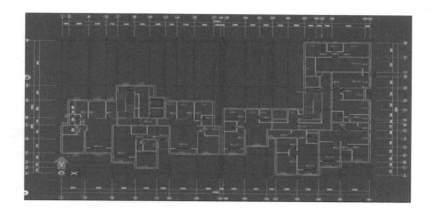

13.1.4　某住宅小区演示案例

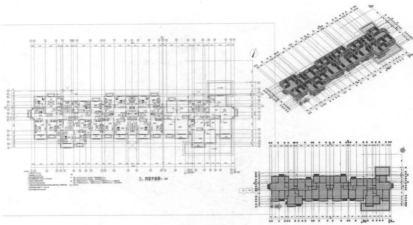

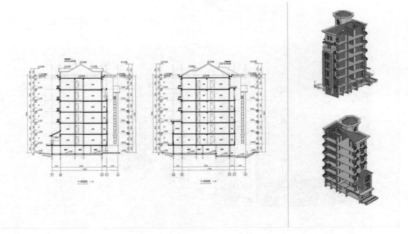

Acomsim building design 日照分析

一、设置日照参数，如时间、日照标准等
二、计算分析及成果，图1
三、选择不同部位，显示详细的日照分析数据，图3

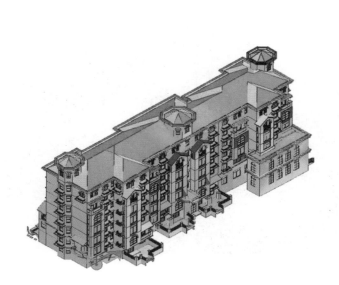

日光 曝晒
0.00 小时数
1.36 小时数
2.72 小时数
4.08 小时数
5.44 小时数
6.80 小时数
8.16 小时数
9.52 小时数
10.88 小时数
12.24 小时数
13.60 小时数

13. 1. 5 某别墅案例

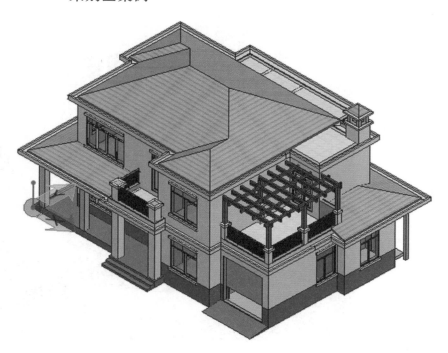

13.1.6　绿地百年住宅项目

13.2 雅尚设计实例

深圳市雅尚建筑景观设计有限公司成立于 2003 年，公司创始人具有海外从业的背景和国内一线地产开发集团设计管理的经验。公司下设建筑部、景观部、参股广东尚华工程设计有限公司（建筑综合甲级设计资质），提供建筑、景观、室内设计从方案到施工图等全套工程设计咨询服务。

公司的设计理念侧重于建筑造型美学的发挥与创造，深入到建筑构件层级的设计，强调景观与规划建筑和市场定位的结合，提供精细的设计和周到的现场配合服务，尤其在绿色环保新科技的应用方面取得成功的经验，完成的数个设计在雨水收集利用等方面都达到国家绿色三星标准。

BIM 建筑信息模型配合公司的设计理念及造型设计的需求，在国内业界还未普及，国外业界仅用于大型公共建筑设计的情况下，公司从 2006 年开始就前瞻性地应用 BIM（建筑信息模型）作为公司所有项目的设计手段，公司的设计图纸深入到线脚、栏杆等构件的 BIM 模型，使这一时期的设计作品在建筑空间、造型的广度和精细度上都大大提高。智能精确的 BIM 模型除了拓宽公司设计作品的想象空间和设计深度，同时为客户提供了精确详尽的设计图，减少各个专业的碰撞，从而加快建造速度，减少了施工中的错误，减少施工成本。BIM 模型还可以在设计图纸完成的同时，为业主提供精确的工程量统计，压缩项目招标前期的工程量计算周期。

经过多年积累，公司的主要客户包括万科集团各个区域公司、万达、宏远、国信、名流等国内一流的地产开发商，历年建成的设计作品遍布华南、华中、华东及东北地区，作品类型包括别墅、住宅、办公、酒店和商业综合体等项目的规划、建筑、景观、室内设计。设计的项目具有地域跨度大、项目类型广的特点。

现场实景照片

BIM模型渲染模型

13.2.1 建筑设计实例

项目案例：中山万科朗润园

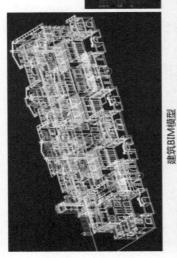

平面图

建筑BIM模型

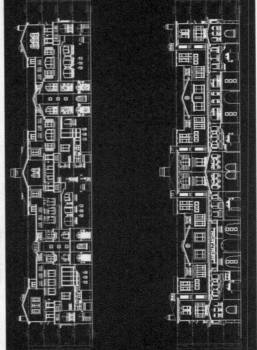

立面图

立面信息模型设计

在原有平面信息模型设计的基础上添加立面造型及细节设计，如立面造型窗的设计，造型柱设计、墙身线脚设计及阳台栏杆样式设计和屋顶造型设计等。花园围墙造型设计，

立面草图设计

立面三维模型设计

造型窗设计

造型柱设计

立面信息模型细部设计（一）

在原有平面信息模型设计的基础上添加立面造型及细节设计，如立面造型窗的设计、造型柱设计、墙身线脚设计、花园围墙造型设计及阴台阳台栏杆样式设计和屋顶造型设计等。

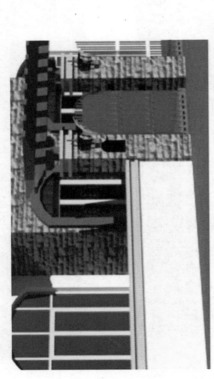

花园围墙造型设计

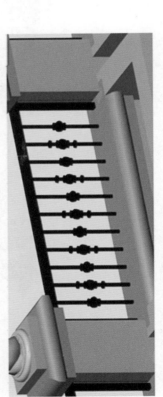

栏杆造型设计

立面信息模型细部设计（二）

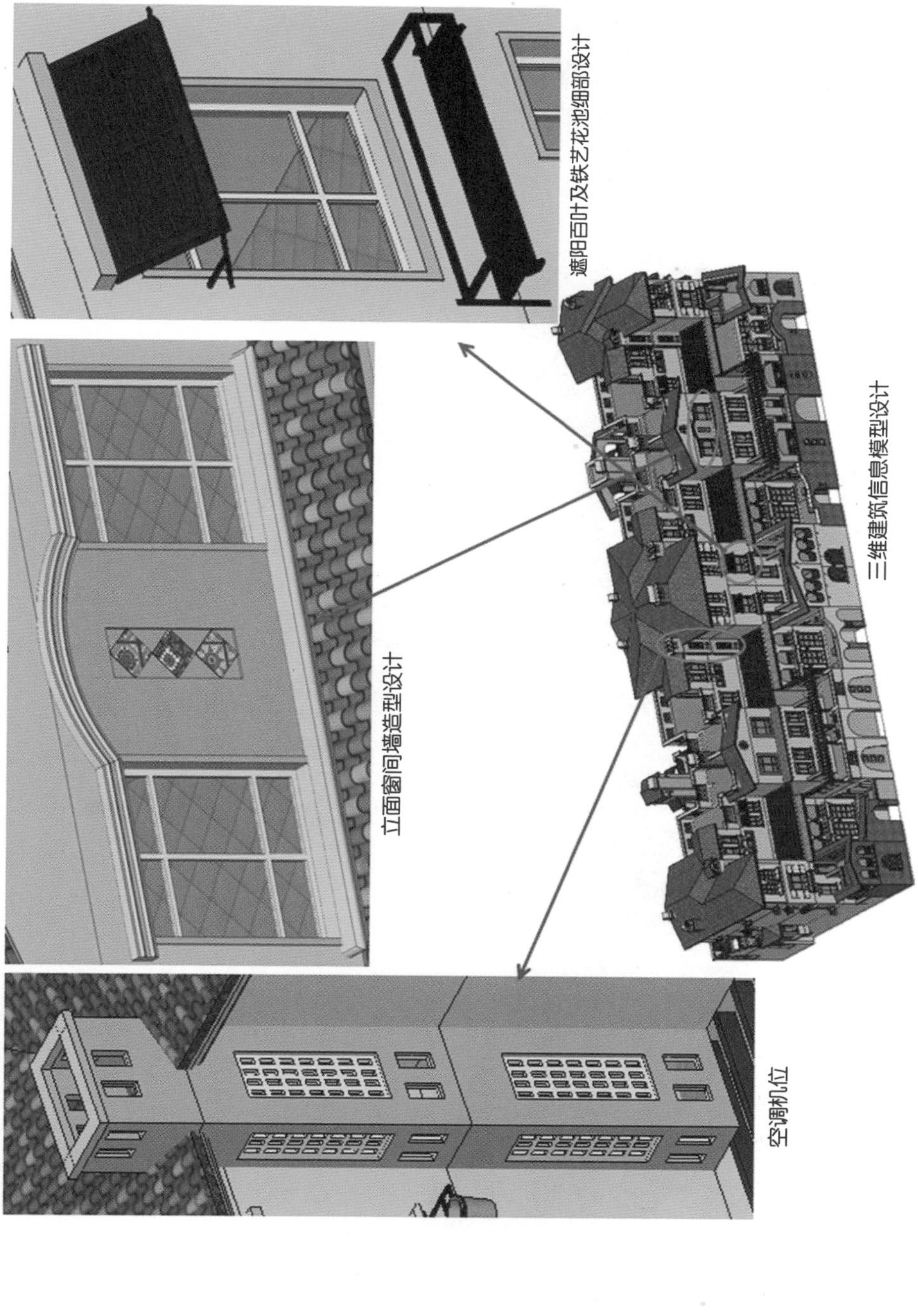

遮阳百叶及铁艺花池细部设计

立面窗间墙造型设计

三维建筑信息模型设计

空调机位

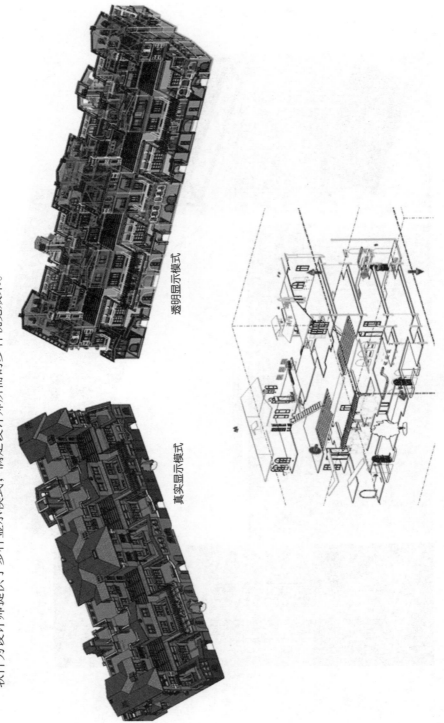

透明显示模式

真实显示模式

线框显示模式

动态模型浏览（点击播放）

信息模型设计的显示

软件为设计师提供了多种显示模式，满足设计师所需的多种视觉效果。

信息模型设计的实时渲染与后期效果图

　　快速的实时渲染功能可使方案直观地展现在设计师面前，便于设计师把控方案的整体设计及细节设计，以最好的渲染效果展示给开发商，便于开发商与设计师的及时沟通。

实时渲染素模型

模型渲染后期效果图

信息模型型设计的实时工程图提图 (一)

模型设计完成后，软件可对模型进行实时的二维提图，如平、立、剖面图及节点详图等，且能保证方案设计提图的准确性和高效性。

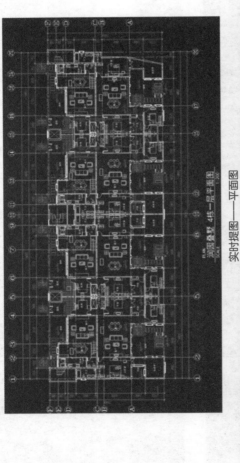

实时提图——平面图

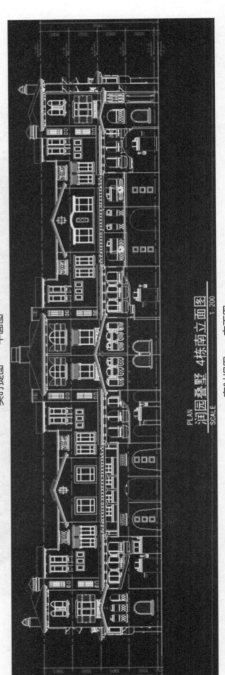

实时提图——立面图

信息模型设计的实时工程图提图（二）

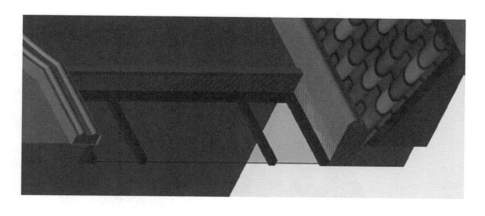

实时提图——三维门窗大洋详图

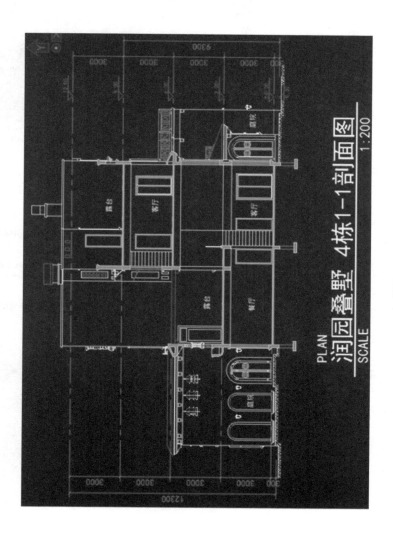

实时提图——剖面图

信息模型在实际施工中的应用及效果把握

信息模型不仅可以直接指导现场施工,把握设计与施工式的效果,而且对项目所需的门窗等各部品样式及材料由厂家进行1:1的构件定制,并运至现场进行装配,有效地节约了项目施工周期,提高了项目施工质量。

模型渲染图片与现场施工把握效果的对比(一)

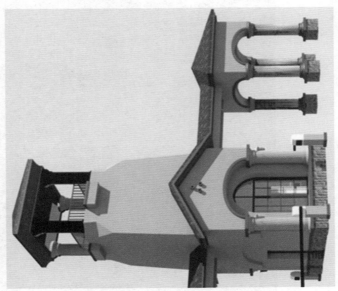

AECOsimBD渲染效果图(左)与现场实景照片(右)对比图

为了能够更好地把握现场施工效果,我司BIM团队特别注重对效果图的实时制作,借助于AECOsimBD强大的渲染功能,对施工的各个细节更好地把握。

模型渲染图片与现场施工把握效果的对比（二）

AECOsimBD模型渲染效果图（左）与现场实景照片（右）对比图

AECOsimBD模型渲染效果图（左）与现场实景照片（右）对比图

模型渲染图片与现场施工把握效果的对比（三）

细节设计对现场的效果把握

AECOsimBD模型渲染效果照片（右）对比图

模型渲染图片与现场施工把握效果的对比（四）

细节设计对现场的效果把握

AECOsimBD模型渲染效果图（左）与现场实景照片（右）对比图

模型渲染图片与现场施工把握效果的对比（五）

细节设计对现场的效果把握

AECOsimBD模型渲染效果图（左）与现场实景照片（右）对比图

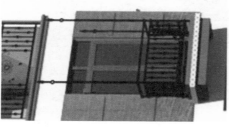

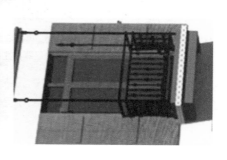

模型渲染图片与现场施工把握效果的对比（六）

现场整体效果把握

细节设计对现场的效果把握

模型渲染效果图（左）与现场实景照片（右）对比图

信息模型——项目展示

南区别墅区——润园别墅区项目展示项目展示（一）

南区联排别墅鸟瞰图

项目展示（二）

南区联排别墅效果图（实时效果图）

南区联排别墅实景照片

南区联排别墅实景照片

项目展示（三）

南区联排别墅效果图（实时效果图）

项目展示（四）

南区组团效果图（实时效果图）

南区组团现场照片

项目展示（五）

北区高层北面沿街效果图（实时效果图）

北区高层实景照片

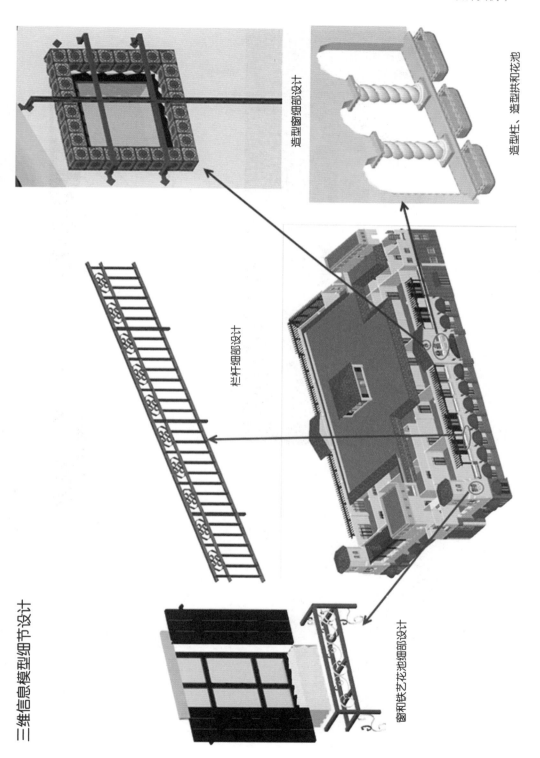

造型窗细部设计

造型柱、造型拱和花池

栏杆细部设计

三维信息模型细节设计

窗和铁艺花池细部设计

项目案例：国信·中央新城

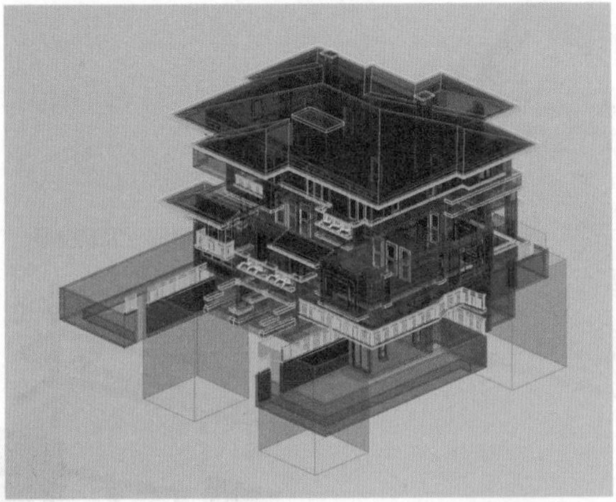

建筑BIM模型

效果图

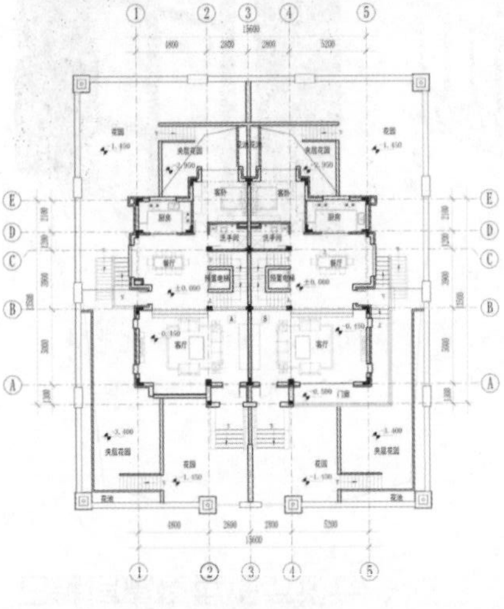

剖面图

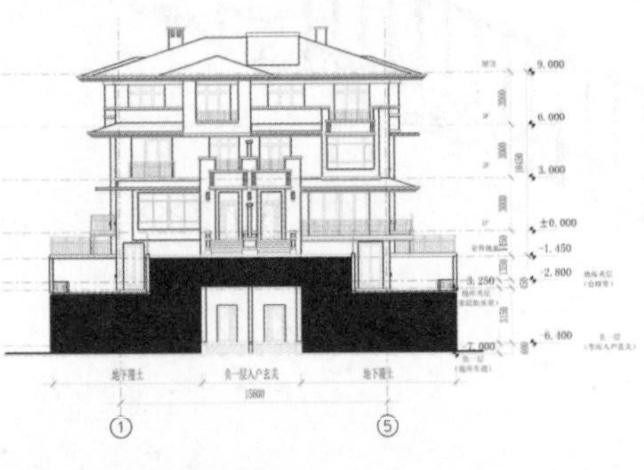

南立面图

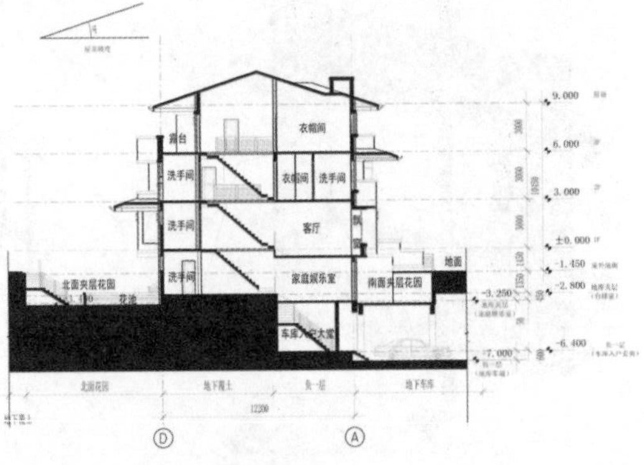

一层平面图

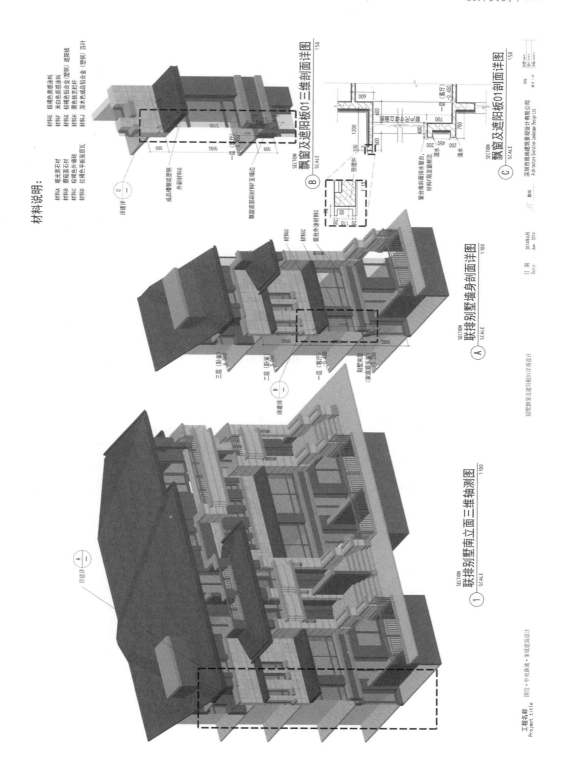

材料说明：

材料E 亚光面石材
材料A 亚光面石材
材料B 磨砂面石材
材料C 棕褐色外墙砖
材料D 红褐色平板面原瓦

材料F 棕褐色质感涂料
材料H 米白色质感涂料
材料G 棕褐色铝合金（塑钢）遮阳板
材料H 黑色扶手栏杆
材料J 深木色成品铝合金（塑钢）百叶

SECTION
SCALE
B | 飘窗及遮阳板01三维剖面详图
1:50

SECTION
SCALE
C | 飘窗及遮阳板01剖面详图
1:50

深圳市尚景建筑景观设计有限公司
Architecture Evolution Landscape Design Ltd

SECTION
SCALE
A | 联排别墅墙身剖面详图
1:100

日期
Date
2014年6月
Jun. 2014

SECTION
SCALE
1 | 联排别墅南立面三维轴测图
1:100

工程名称
Project title
国企·中央新城·某域建筑设计

别墅飘窗及遮阳板01的详细设计

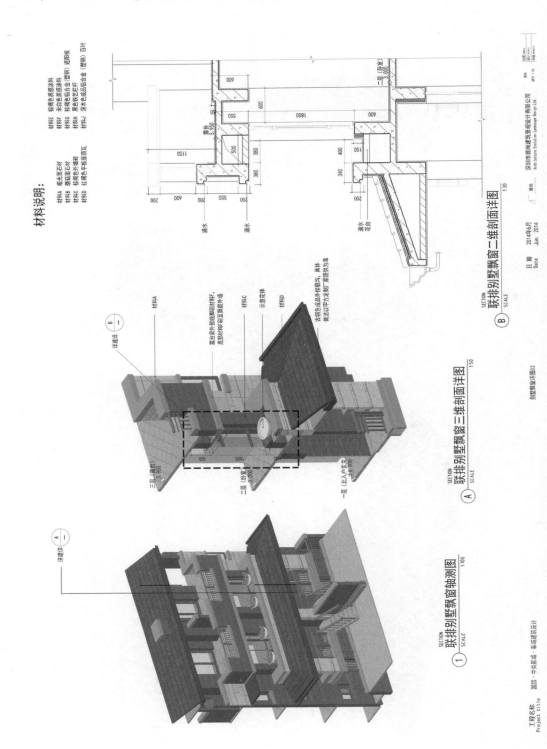

材料说明:

材料A 哑光面石材
材料B 雾面面石材
材料C 蓝灰色外墙砖
材料D 红褐色平板屋面瓦

材料E 绿绿色质感涂料
材料F 米白色质感涂料
材料G 玫瑰色铝合金（深啡）遮阳板
材料H 黑色铁艺栏杆
材料J 深木色成品铝合金（塑钢）百叶

材料说明：

材料A 亚光面石材
材料B 磨砂面石材
材料C 棕褐色外墙砖
材料D 红褐色平板屋面瓦

材料E 绿棕色质感涂料
材料F 米白色质感涂料
材料G 棕褐色铝合金(塑钢)遮阳板
材料H 黑色铁艺栏杆
材料J 深木色成品铝合金(塑钢)百叶

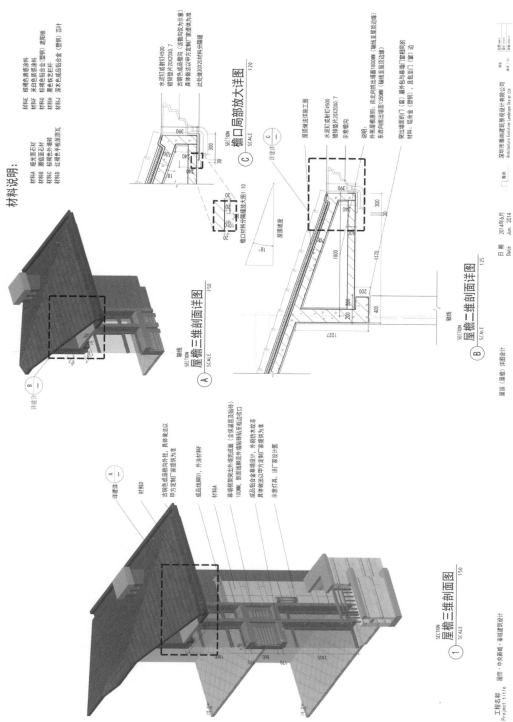

水泥钉或射钉@500
镀锌垫片20Ω20Ω0.7
古铜色成品樋沟（洛樋沟仅为示意）
具体做法以甲方定制厂家提供为准
此处做20Ω20Ω材料分隔缝

口部材料分隔缝放大图1:10

口部材料分隔缝放大图1:10

屋面坡度

18°

檐口局部放大详图 120
SECTION
SCALE

C 详建详
——

屋檐三维剖面详图 150
SECTION
SCALE

A
——

屋顶瓦填缝剂，前北向挑出墙面1800MM（延伸至屋顶边墙）
水泥钉或射钉@500
镀锌垫片20Ω20Ω0.7
示意檐沟

说明：
屋顶瓦檐剖面，前北向挑出墙面1800MM（延伸至屋顶边墙）
东西向挑出墙面1350MM（延伸至屋顶边墙）
突出墙面的门（窗）黑外色与每樘门窗同间的
材料：铝合金（塑钢），且包至门（窗）边

屋檐二维剖面详图 125
SECTION
SCALE

B
——

轴线

古铜色成品樋沟外挂，具体做法以
甲方定制厂家提供为准
成品线脚h，外涂材耔
材料A
幕墙框架突出外墙完成面（含温层及贴砖）
100MM，侧面墙脚及外墙贴砖转至框架凹处口
具体做法以甲方定制厂家提供为准
成品铝合金幕墙设计，外附仿木纹
示意灯具，详R放设计图

材料D

A 详建详
——

屋檐三维剖面图 150
SECTION
SCALE

1
——

深圳市赛阆建筑景观设计有限公司
Architecture Evolution Landscape Design Ltd

日期 2014年6月
Date Jun. 2014

工程名称 国铂·中央新城·幕墙建筑设计
Project title

屋顶（屋檐）详部设计

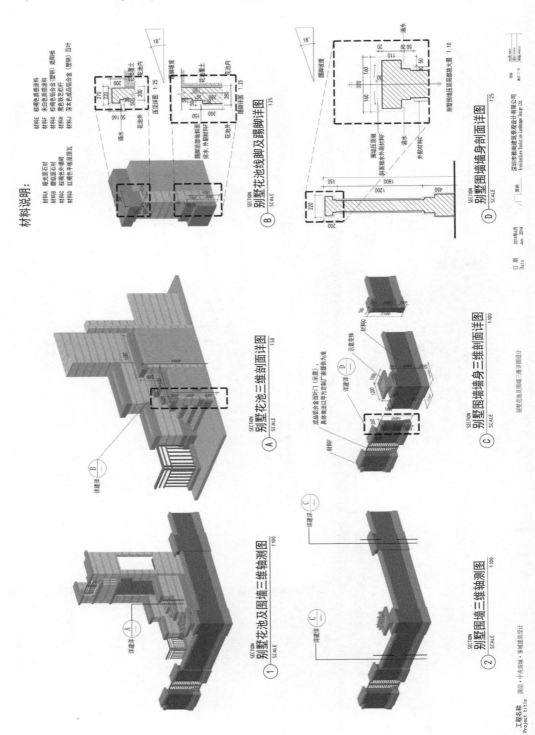

材料说明：

材料A 麻米面石材
材料B 蘑菇面石材
材料C 标褐色外墙砖
材料D 红褐色平板屋顶瓦

材料E 标褐色质感涂料
材料F 米白色质感涂料
材料G 标褐色铝合金（塑钢）遮阳板
材料H 黑铁艺栏杆
材料J 本米色成品铝合金（塑钢）百叶

别墅花池线脚及踢脚详图

别墅围墙压顶局部放大图 1:10

别墅围墙墙身剖面详图

别墅花池三维剖面详图

别墅围墙墙身三维剖面详图

成品铝合金百叶门（示意），
具体做法以丰为定制厂家提供为准

别墅花池及围墙三维轴测图

别墅围墙三维轴测图

深圳市雅尚景观建筑等景观设计有限公司
Architecture Exhibit on Landscape Design Ltd.

日期 2014年6月
Date Jun. 2014

工程名称 国信·中央新城·多城建筑设计
Project title

别墅花池及围墙三维详图设计

项目实例：会所单体设计

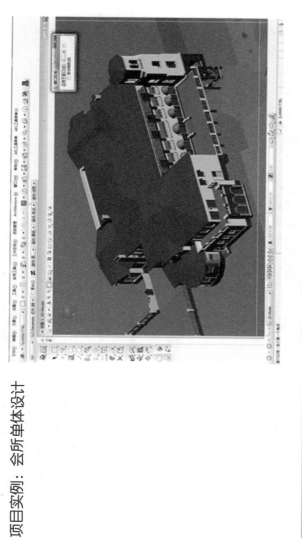

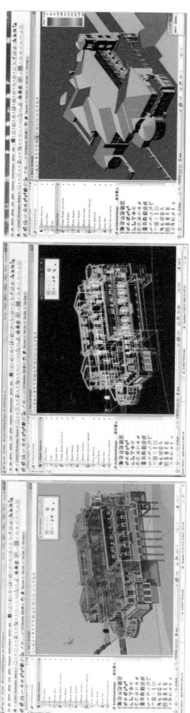

热量显示

线框显示

透明显示

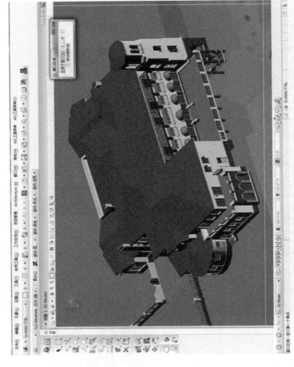

透视

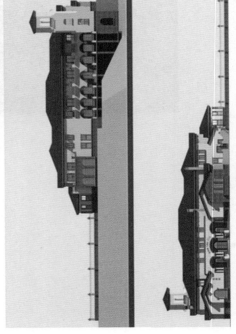

立面

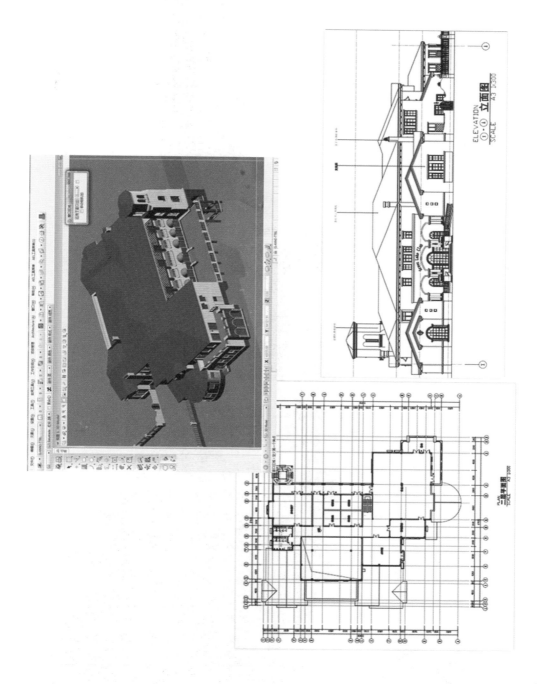

效果图

13.2.2　景观设计实例

项目案例：长春天朗蔚蓝北府

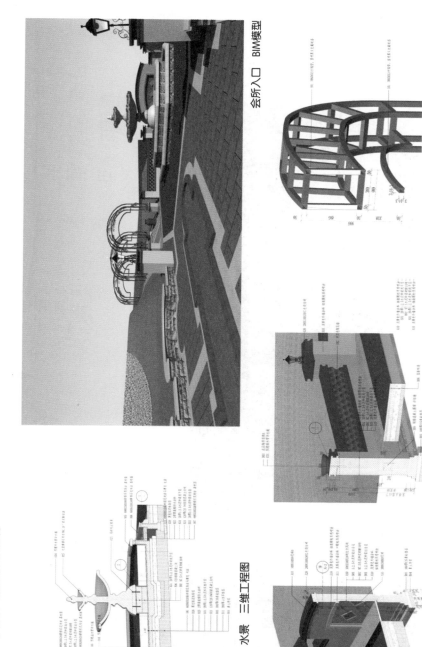

会所入口　BIM模型

铁艺龙架　三维工程图

景墙　三维工程图3

水景　三维工程图

景墙　三维工程图1

项目案例：西安天朗蔚蓝北府

枫树 BIM模型

廊架 BIM模型

陶瓷 BIM模型

真实文化石 BIM模型

300X300方砖拼 100X100小花砖 BIM材质

红砖 BIM材质

蓝色彩色瓷片 BIM材质

米黄色细微颗粒质感涂料 BIM材质

此置染选择长春准确经纬度，4月份上午10：30分标准日照真实实时渲染

三维线框图

项目案例：西安天朗蔚蓝北府

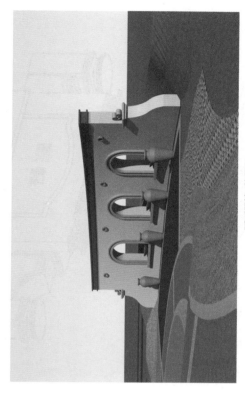

弧形景墙　效果图

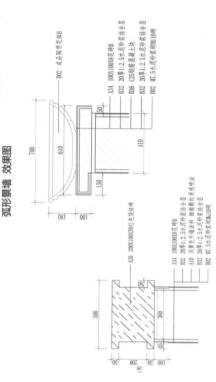

弧形景墙　详图

弧形景墙　三维工程图

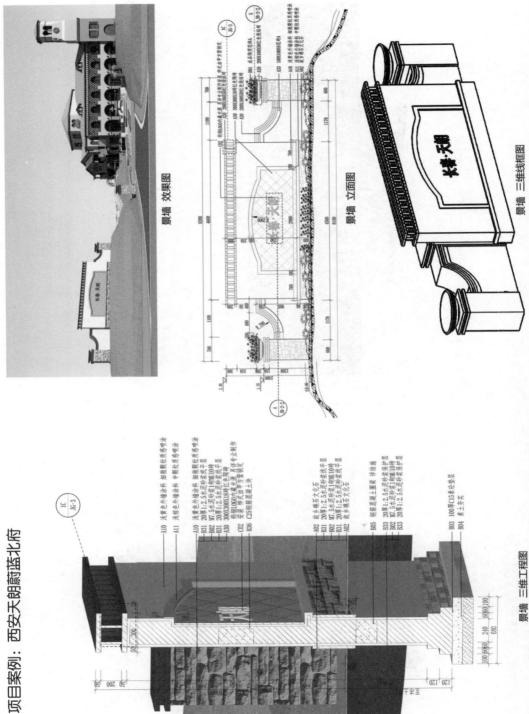

项目案例：西安天朗蔚蓝北府

13.2.3 室内设计实例

项目案例：浙江利有商务中心装饰工程

入口门厅效果图

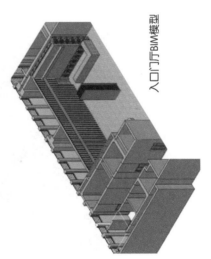

入口门厅BIM模型

六楼BIM剖切模型

六楼BIM剖切模型

项目案例：振和大厦室内设计

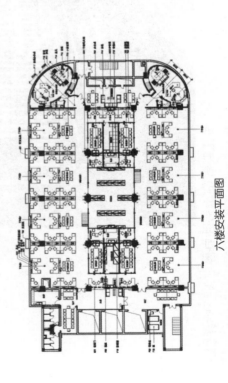

六楼BIM模型

六楼安装平面图

Bentley LEARN 学习计划

新的学习模式：持续学习铸就成功的项目团队

Bentley 学院及其 LEARNservices 向 Bentley 的全球社区提供持续不断的学习机会。Bentley 通过产品培训、在线讲座、针对学生和教师的学术计划以及参考书推荐等形式，为当前和未来几代基础设施专业人员提供持续学习的机会。利用这些学习机会的用户每完成一小时培训便可以获得 1 学分。这些学分相当于 Bentley 学院的职业发展学时（PDH），将被记入个人在线成绩单，以证明自己随时间推移所取得的职业发展。

Bentley LEARN 订购助力专业人员及其所在组织通过持续学习以适应任何需求：

- 虚拟课堂的实时培训。
- 按需随时学习的网络课程培训。
- 参加 Bentley 的年度用户大会。
- 免费赠送"快速入门"（提供基于角色的培训）。
- 增强绩效咨询，实现培训价值最大化。
- LEARN iPad 应用程序，适合随身学习。

其他服务

可通过其他服务增强培训订购，从而提高组织特定工作流的效率，这些服务包括：

- 首选位置的定制教学专家可在您选择的位置提供独家、实时的实践培训课程。根据组织的工作流和进度提供定制培训，从而提高盈利能力。

- 专业服务咨询师可帮助您确定自动化设计、施工和运营工作流的方式，从而获得最大的基础设施软件投资回报。在实施过程中增加培训，最大限度地提高解决方案的效率，并实现人员和技术的充分利用。

- 定制学习途径随着时间的推移，帮助您组织培训需求并确定其优先级。根据您的特定工作角色和项目要求定制学习途径，进而提高组织专业培养工作的效率。

Bentley 分别在 2012 年和 2013 年荣膺 CEdMA 计算机教育管理学会颁发的奖项，成为第一家获得两次殊荣的公司。我们主要通过以下两项创新而获奖：

- 创新性学习路径应用程序。

- 独一无二的 Bentley LEARNing 大会。

Bentley 未来的学习在线管理系统个人主页将向您提供：

- 个人学习路径。
- 消息提醒。
- 推荐的培训。
- 个人学习历史记录。

Bentley LEARNing 大会今后将在全球各地区举行。为您提供：

- 交互式对话和实践研讨会。
- 涉及的主题有土木、工厂、建筑、地理空间、通信、公用事业、信息移动化和资产管理。
- 关注与上述主题相关的产品培训讲座，其中包括 MicroStation、ProjectWise 和 Bentley 开发者网络讲座。

我们同时通过在线社交平台与您进行持续的相互交流。

有关详情请访问：

http：//www. bentley. com/zh – CN/Training/

对于负责特续人才培养并营造优质文化氛围的培训管理人员而言，Bentley LEARN 培训订购可提供实时培训和 OnDemand eLearning 选择的最佳组合，以便快速透熟您软件应用并进行职业生涯培训规划。

对于需要提升所有用户技能、持并简化培训管理的 **IT 和 CAD 管理人员**而言，Bentley LEARN 培训订购可提高用户技能以减少帮助精求量，从而缩减总支持开销。

"通过 Bentley 培训订购，我们可以高效实现规模需求具备的培训水平，能够以当前规模有效运行，从而为未来的增长打下坚实的基础。"

我们的团队可获得哪些权益？ 您将会在翻阅市场营销手册时产生这样的想法："好的，听起来不错。但我们的团队可获得哪些权益？"找到最符合您的角色，并了解如何根据自己的情况应用 Bentley LEARN 培训订购服务。	高管	项目主管	培训管理人员	IT和CAD管理人员	软件用户
只需支付一次年费 可精简培训预算并简化购买流程，同时只需支付平常价格的几分之一，即可对所有用户进行培训。	只需支付平常价格的几分之一，即可对所有用户进行培训。	消除所有与成本相关的学习难题	精简培训预算并简化购买流程	简化培训管理	解决所有预算批准难题
实时培训 Bentley 专家通过虚拟课堂提供数百个实时培训课程，消除了差旅时间和成本。	消除差旅时间成本，减少二氧化碳排放量。	让 Bentley 专家对您的团队进行培训	提供更多课程和培训机会供您选择	提升整个组织的技能水平	通过虚拟课堂参加实时培训
onDemand eLearning 提供数千个自我掌控进度的讲座和课程，提高了工作效率，并支持开销并减少了调度难题。	快速获得学习投资回报	确保培训需求与项目进度保持一致	解决了培训调度难题	减少了支持开销和帮助请求量	消除了满足需求的等待时间
学习途径 确保工作团队具备高效率，为人才培养提供战略指导，并营造持续学习的文化氛围。	为人才培养提供战略指导	为人才培养提供战略指导	营造持续学习的文化氛围	简化课程和培训选择	确定学习的优先级，最大程度地实现用户对组织的价值
学习单元 量化在提升用户技能方面投入的时间以衡量学习成绩。	衡量培训投资回报	衡量项目团队的学习成绩	衡量人才培养的进步情况	衡量用户技能提升	衡量个人学习成绩
学历史记录 通过在线成绩单展示用户技能提升，以便建立竞争学习优势。	增强竞争优势	展示项目团队的进步情况	展示人才培养的进步情况	展示用户技能提升	展示专业水平提升

后　记

近年来，BIM 在建筑设计工程行业已经形成技术变革的推动力，尤其是配合未来的 3D 打印技术和建筑工程建造中数字技术的应用，BIM 的价值将得到充分发挥。应该说，BIM 技术的应用目前仅仅处于第一阶段——设计阶段，第二阶段——建造阶段的应用仍然有待于施工、构配件厂商数字生产能力的提升。

作为建筑师，设计的过程充满了趣味、挑战和激情，但是工程图纸、文件的制作又是如此的烦琐和枯燥，建筑师面临的是重复性的工作，而且效率极低，充满大量难以预知的设计错误。如何能从这项烦琐和枯燥的工作中解放出来，减少错误，同时又能继续享受设计创造的趣味？一直以来这都是我们的梦想。从 2006 年开始，比较了当时的软件产品之后，公司的设计项目尝试使用 BENTLEY BIM 进行建筑方案设计的工作，其间面临了教材的匮乏和中国数据集的缺失等困难，但也体会到应用所带来的效率和精细化程度的提高。至今，BENTELY BIM 已广泛应用于公司的建筑、室内、景观设计的各个阶段，甚至为行业内发展商、设计单位和施工企业提供 BENTLEY BIM 的应用咨询。

AECOsim Building Designer 作为 BENTLEY 公司建筑行业的旗舰产品，相对与过去 TRIFORMA、V8 XM、V8i 等版本，在用户界面和易用性方面大为优化，尤其是采用了 LOXOLOGY 的渲染引擎，能渲染出照片级的效果图和动画，并且把建筑、结构、电气、水暖通四个专业模块集成为一个软件包，极大地方便了设计的集成化和一体化。

过去，AECOsim Building Designer 缺乏相应的教学、培训和使用指南，即使有也是英文教材，给国内设计人员的使用造成了很大的困难，而且由于软件的数据集均采用美国、英国标准，在国内的工程实践中，设计人员面临构建库缺乏的问题。随着 AECOsim Building Designer 中文版和本书的发行，上述问题得到了极大的改善。

　　由于 AECOsim Building Designer 是一款企业级的 BIM 软件，强调设计企业内部的协同和设计标准的制定与贯彻，除了设计人员的软件应用能力外，企业对于软件的服务器端和网络的配置也有较高的要求，在祝贺《AECOsim Building Designer 使用指南·设计篇》的出版之余，十分期待 AECOsim Building Designer 协同设计管理指南的出版。

张杰　董事　总建筑师

深圳市雅尚建筑景观设计有限公司